家政服务从业人员技能培训系列教材

JIAWU ZHULI YUAN
（CHUJI JINENG）

家务助理员

（初级技能）

阮美飞　陈　延◎主　编
朱晓卓　刘劲松◎副主编

ZHEJIANG UNIVERSITY PRESS
浙江大学出版社

图书在版编目（CIP）数据

家务助理员.初级技能 / 阮美飞等主编. —杭州：
浙江大学出版社，2017.6
ISBN 978-7-308-17011-6

Ⅰ.①家… Ⅱ.①阮… Ⅲ.①家政服务—技术培
训—教材 Ⅳ.①TS976.7

中国版本图书馆 CIP 数据核字（2017）第 136922 号

家务助理员（初级技能）

阮美飞　陈　延　主编

责任编辑	王　波	
责任校对	杨利军　汪淑芳	
封面设计	春天书装	
出版发行	浙江大学出版社	
	（杭州市天目山路 148 号　邮政编码 310007）	
	（网址：http://www.zjupress.com）	
排　　版	杭州林智广告有限公司	
印　　刷	嘉兴华源印刷厂	
开　　本	787mm×1092mm　1/16	
印　　张	10.5	
字　　数	230 千	
版 印 次	2017 年 6 月第 1 版　2017 年 6 月第 1 次印刷	
书　　号	ISBN 978-7-308-17011-6	
定　　价	28.00 元	

家务助理员（初级技能）
编委会

主　编　阮美飞　陈　延

副主编　朱晓卓　刘劲松

编　者　（以姓氏笔画为序）

王变云（宁波卫生职业技术学院）

刘效壮（宁波卫生职业技术学院）

徐　萍（宁波卫生职业技术学院）

唐小茜（宁波卫生职业技术学院）

崔　杨（宁波卫生职业技术学院）

序

根据《国务院办公厅关于发展家庭服务业的指导意见》国办发〔2010〕43号文件精神,为大力发展宁波市家庭服务业,提高家庭服务从业人员的职业技能与素养,在宁波市商务委员会和宁波市家庭服务业协会的委托下,宁波卫生职业技术学院与宁波家政学院精心组织专家,建设开发"家务助理员职业培训"教材(包括人文知识、初级技能、中级技能、高级技能一套共四册),并建立了科学、统一、完整的家务助理员培训考核标准体系,为从事家务助理的工作人员提供了规范、系统的技术指导,为宁波市及其他地区的相关行业、培训机构提供了教学考核依据,为家政行业的人才培养做出了积极贡献。

国家人力资源和社会保障部把根据要求为所服务的家庭操持家务,照顾儿童、老人、病人,管理家庭有关事务的人员统称为家政服务员。然而,随着社会分工的精细化,家政服务员在实际工作中已呈现出服务对象的多样化、服务内容的专业化、服务性质的特定化趋势。根据2010年年底颁布实施的宁波市地方标准和普通家庭家政服务需求,我们把家政服务员工作细化为母婴护理、幼儿照护、病患陪护、养老护理、家务助理和家庭保洁六个工种。鉴于养老护理员已经有国家职业标准和职业培训教材,作为其中一个工种的家务助理员培训教材应势编撰,我们希望能为家政服务的学术研究与消费引导开展先期探索。

本培训教材以家务助理员培训规范为依据,与商务委及宁波市家政服务行业标准相匹配,把家务助理员定义为为雇主提供人员照护以外的家庭事务操作或管理服务的人员。根据人才培养的特点,以从业人员的文化层次等实际水平出发,在人文知识上突出"职业素养与现实案例"相结合、在技术标准上突出"技能素质与上岗资质"相结合、在内容安排上突出"业务分类与产业发展"相结合、在语言表述上

突出"通俗易懂与图文并茂"相结合的原则,以适应家政服务人才在行业和培训机构开展培训的需求为准则,推动从业者的技术规范化和标准化。此外,本教材还注重反映行业发展的新知识、新理念、新方法和新技术,力求达到领先性。

本书是由宁波家政学院、宁波卫生职业技术学院和宁波市甬江高级职业中学等单位的专家、学者、专业教师集体编写。本书在编写过程中参考了有关的著作、论文、网站的资料和图片等,因篇幅所限,除所列出的主要参考文献外,恕不一一列举,在此一并表示感谢。市场是检验教材的唯一标准,恳请各位读者提出宝贵意见与建议。

目　　录

第一章 家庭烹饪

第一节 食物基本处理及保存

学习单元一 新鲜蔬菜初步加工的方法

学习目标

➢ 掌握根茎类蔬菜初步加工的方法。
➢ 掌握叶菜类蔬菜初步加工的方法。
➢ 掌握花菜类蔬菜初步加工的方法。
➢ 掌握瓜类蔬菜初步加工的方法。
➢ 掌握茄果类蔬菜初步加工的方法。
➢ 掌握豆类蔬菜初步加工的方法。

知识要求

因新鲜蔬菜的品种、产地、上市期、食用部位和食用方法不同,故初步加工方法各异。

一、根茎类蔬菜初步加工的方法

1. 品种:莴笋、茭白、土豆、葱、姜、蒜等(见图 1-1)。

图 1-1 根茎类蔬菜

2.加工步骤：去除原料表面杂质—清洗—刮剥去除表皮、污斑—清洗—浸泡—沥水待用。

 小贴士

根茎类蔬菜大多含有鞣酸（单宁酸），初步加工去表皮后的原料应注意避免与铁器接触，或长时间裸露在空气中，以免原料氧化产生褐变现象（如土豆、莴笋）。去皮后应立即置于冷水中浸泡。

二、叶菜类蔬菜初步加工的方法

1.品种：青菜、菠菜、芹菜、香菜等（见图1-2）。

2.加工步骤：摘剔—浸泡—冷水洗涤—理顺—沥水待用。

3.洗涤：叶菜类蔬菜一般都采用冷水洗涤，也可根据具体情况采用盐水或高锰酸钾溶液洗涤。

图1-2 叶菜类蔬菜

 小贴士

（1）盐水洗涤

适用于叶面、菜梗或叶片上附有虫卵的蔬菜。在这种情况下蔬菜一般用冷水很难清洗干净，可用2％的盐水浸泡4～5分钟（时间不宜过长，以防营养成分的流失），再用冷水洗净。

（2）高锰酸钾溶液洗涤

适用于直接食用的蔬菜，旨在杀菌消毒，确保卫生要求。可用0.3％的高锰酸钾溶液浸泡4～5分钟，再用冷水洗净。

此外，还可酌加食品洗涤剂进行清洗。

三、花菜类蔬菜初步加工的方法

1.品种：黄花菜、花椰菜、南瓜花、韭菜花等（见图1-3）。

2.加工步骤：去蒂及花柄（茎）—清洗—浸泡—沥水待用。

图 1-3　花菜类蔬菜

四、瓜类蔬菜初步加工的方法

1.品种：南瓜、冬瓜、苦瓜、青瓜等（见图 1-4）。

2.加工步骤：去除原料表面杂质—清洗—去除表皮、污斑—洗涤—去籽瓤—清洗。

图 1-4　瓜类蔬菜

五、茄果类蔬菜初步加工的方法

1.品种：西红柿、青椒、茄子、辣椒等（见图 1-5）。

2.加工步骤：去除原料表面杂质—清洗—去蒂及表皮或籽瓤—清洗。

图 1-5　茄果类蔬菜

六、豆类蔬菜初步加工的方法

1.荚果类

（1）品种：四季豆、荷兰豆、扁豆等（见图 1-6）。

（2）加工步骤：掐去蒂和顶尖—去筋—清洗—沥水待用。

图 1-6　荚果类

2. 食用种子

(1) 品种：蚕豆、豌豆等（见图 1-7）。

(2) 加工步骤：剥去外壳—剥出籽粒—清洗—沥水待用。

图 1-7 食用种子

学习单元二 家畜、禽肉原料初步加工的方法

学习目标

➤ 掌握家畜、禽肉原料初步加工的方法。

➤ 掌握肉类的保存方法。

知识要求

一、家畜、禽肉原料初步加工的方法

1. 品种：牛肉、猪肉、羊肉、鸡肉、鸭肉和鹅肉等（见图 1-8）。

图 1-8 家畜、禽肉原料

2. 加工步骤：刮剥原料表面的杂质—温水或热水清洗—沥水待用。

二、肉类的保存方法

1. 鲜肉的保存（短时间保存）

先洗涤，再放置在 0～4℃ 的冰箱内冷藏。

2. 冻肉的保存

冻肉应迅速放入 −15℃ 以下的冰箱内冷冻，以防解冻。冻肉间应留有一定的空隙，以增强冷冻效果。

学习单元三　水产品初步加工的方法

学习目标

➢ 能够区分不同水产品的种类。

➢ 掌握水产品初步加工的方法。

知识要求

由于水产品的种类很多（海鲜、河鲜），其形状、性质、用途不同，因此加工的方法也各异。

一、鱼类的初步加工

1. 品种：大小黄鱼、带鱼、梅鱼、鲳鱼、鲫鱼、青鱼等（见图 1 - 9）。

2. 加工步骤：宰杀—刮鳞（或不刮鳞）—去鳃—修整鱼鳍—开膛（或不开膛）取内脏—清洗—沥水待用。

图 1 - 9　鱼类

小贴士

1. 宰杀：活鱼一般先摔死或敲死，再进行下一工序操作。

2. 刮鳞：一般鱼体表鳞没有食用价值，用刮鳞器或竹片刮净鱼鳞（特别应注意刮净鱼头和腹部的鳞片），但鲥鱼和鲥鱼不去鳞（其鱼鳞含有丰富的脂肪）。

3. 去鳃：用剪刀顺沿鱼鳃两侧剪除即可。

4. 修整鱼鳍：根据烹调和装盘外形要求，修整鱼胸鳍、腹鳍、背鳍、尾鳍。

5. 开膛（或不开膛）取内脏：

开膛方法：将鱼的腹部或脊背部用刀划开，取出内脏，再去尽腹内脏器即可。此方法适用于大多数鱼类。

不开膛方法：从鱼的口腔中将内脏取出。在鱼的肛门处剖开一刀口，然后用两根筷子由口腔插入，夹住鱼鳃用力搅动，顺势将鱼鳃和脏器一同搅出。此法适用于形体较小或原料名贵需保持完整鱼形的菜肴，如鳜鱼、大黄鱼等。

6. 清洗：鱼的腹腔血污较多且附着一层黑衣膜（有较重的腥味），应将其清除干净，并用冷水洗净鱼体。

🏅 案 例

1. 冰鲜带鱼的加工：剪去鱼鳍（尾鳍、背鳍、胸鳍）—剪除两侧鱼鳃和嘴尖—从鳃盖旁剖开腹部去除内脏和黑膜—清水洗涤—沥水待用。

2. 冰鲜小黄鱼加工：剪去鱼鳍（尾鳍、背鳍、胸鳍和腹鳍）—刮去周身鱼鳞—剪除两侧鱼鳃、额头皮（腥味较重）—从鳃盖旁剖开腹部去除内脏和黑膜—清水洗涤—沥水待用。

二、虾类的初步加工

1. 品种：河虾、海虾、基围虾等（见图1-10）。

2. 加工步骤：用剪刀剪去额剑、触角、步足，挑出头部的沙袋和脊背的虾线，然后洗净即可。也可根据制作菜肴的需要，将虾壳全部剥去，留取虾肉，即虾仁；或将除虾尾外的虾壳全部剥去，即凤尾虾。

图1-10 虾类

案　例

1. 滑皮虾：剪去海虾的额剑、触角和步足—从虾头和虾身连接处挑出沙袋和虾线(适用于个大虾)—清水洗涤—沥水待用。

2. 剥虾仁：取下虾头—从虾身至虾尾逐圈剥去外壳和虾足—清水洗涤—沥水待用。

三、蟹类的初步加工

1. 品种：河蟹、三疣梭子蟹、青蟹等(见图1-11)。

2. 加工步骤：将附在螃蟹体表及螯足(毛钳)上的绒毛和残留污物,用软毛刷刷洗干净即可。

图1-11　蟹类

案　例

蟹的洗涤：清水养殖(使螃蟹吐尽腹腔内的污物)—宰杀(用剪刀尖插入螃蟹腹部)—用软毛刷刷洗蟹体表面及螯足上的绒毛及残留污物—清水洗涤—沥水待用(或再剥去蟹盖—挖去蟹食囊和鳃—清水洗涤—剁块待用)。

四、贝类的初步加工

1. 瓣鳃纲贝类

(1) 品种：扇贝、蛏子、蛤蜊等(见图1-12)。

图1-12　瓣鳃纲贝类

（2）加工步骤：冷水（或淡盐水）静养（旨在去除污泥）—置水中（用沸水煮至壳张开）—剥壳—割断闭壳肌—取肉—去除污物（沙砾、筋膜、内脏）—清洗—沥水待用。

2. 腹足纲贝类

（1）品种：各种螺类（见图1-13）。

（2）加工步骤：冷水（或淡盐水）静养（旨在去除污泥）—敲碎外壳—剥壳—割断闭壳肌—取肉—去除污物（沙砾、筋膜、内脏）—清洗—沥水待用。

图1-13 螺类

案 例

1. 蛏子的加工：盐水静养—用软毛刷刷洗蛏子表面的泥沙—放入沸水中泡烫至外壳微微张开即捞出—剥去外壳、割断闭壳肌—取肉—清洗—沥水待用。

2. 辣螺的加工：清水或盐水静养—敲裂外壳—剥壳—割断闭壳肌—取肉—去除污物—清洗—沥水待用。

五、头足类的初步加工

1. 品种：网潮、鱿鱼、墨鱼等（见图1-14）。

图1-14 头足类

2. 加工步骤：去除内脏—去除口腔中的污物—冷水清洗—沥水待用。

案　例

墨鱼的加工：清洗体表外侧的墨汁、污物—用剪刀从墨鱼背部剖开，去除石灰质背壳、内脏、污物—戳破墨鱼头部眼睛挤出墨汁、嘴尖—清水洗涤—沥水待用。

六、水产品的保存

1.活养法

以清水活养，适时换水，并不断充氧，保持水质清洁。这样不仅可使鱼肉结实，还能促使某些鱼类吐出消化系统中的污物，减轻泥土味。

2.冷冻、冷藏法

冷冻、冷藏时不宜将鱼堆叠过多（见图1-15），如短时间保藏，温度可控制在-4℃以下，如长期保藏，则要控制在-20～-15℃为宜。

虾类在冷藏时一般要排放整齐，不要堆叠，一般温度控制在-4℃以下即可。海蟹、贝类须用清水洗净后冷冻保藏。

图1-15　鱼类冷冻、冷藏

 小贴士

海鲜类原料去除腥味的方法：

1.由于导致鱼腥气产生的三甲胺、氨、硫化氢等物质都属于碱性物质，所以，烹制鱼类菜肴时要添加醋酸、食醋、柠檬汁等，这会使鱼腥味大大减少。

2.淡水鱼在洗涤时应尽量将血液洗净，去掉鱼腹中的黑膜。

3.烹制过程中加入料酒、葱、姜、蒜也可使鱼腥味物质减少或腥味被掩盖。

4.由于尿素易溶于热水，所以鲨鱼等鱼类在烹制前宜用热水余煮以去除氨臭味。

学习单元四　干货原料的涨发

➢ 掌握干货的几种基本涨发方法。

知识要求

　　干货原料涨发指使干货原料重新吸收水分,最大限度地恢复其原有的鲜嫩、松软、爽脆的状态,并除去原料的异味和杂质,使之合乎食用要求的过程。

　　涨发方法有以下几种。

　　1.冷水发

　　(1)浸发:把干货原料用冷水浸没,使其慢慢吸水涨发。适用对象:黑木耳等(见图1-16)。

　　(2)漂发:把干货原料放在冷水中,用工具或手不断挤捏,使其浮动。此法一般结合浸发实施,还可除去原料中的泥沙、异味和杂质。适用对象:白木耳等。

图1-16　黑木耳浸发

案　例

木耳(黑木耳、白木耳)涨发

　　加工方法:将干木耳加冷水浸泡,使其缓慢地吸水,待体积全部膨大后,除根、漂洗干净即可。时间约2小时,冬季或急用可用温水泡发。

　　2.沸水发

　　(1)泡发:干货放在沸水中浸泡使其涨发。适用对象:粉丝等(见图1-17)。

　　(2)煮发:干货放在水(或碱水)中加热煮沸或煮沸后冷却再煮沸使其涨发。适用对象:笋干等(见图1-18)。

图 1-17　粉丝泡发

图 1-18　笋干煮发

案　例

1. 干香菇涨发

加工方法：将干香菇放入 70℃ 左右温水中，加盖焖 2 小时左右使其内无硬茬。然后结合漂发去除原料中的泥沙、杂质。

2. 莲子涨发

加工方法：将莲子放在 5% 的碱水溶液中浸泡 10 分钟，倒出碱水溶液后用清水清洗至无碱味。若有莲芯可用牙签捅去，放入锅中加水煮发至回软即可。

3. 鱿鱼（墨鱼）涨发

加工方法：将鱿鱼（墨鱼）放入冷水中浸泡至软，撕掉外层衣膜（里面一层衣膜不能撕掉），再将头腕部和鱼体分开，放入 5% 的碱水溶液中浸泡 8～12 小时即可发透。如未涨发透可继续浸泡至透，然后用冷水漂洗四五次去除碱味再放在冷水盆中浸泡备用。

第二节 食物烹调

学习单元一 烹调基础知识

➤ 可以分辨基本的调味品。
➤ 掌握各种基本调味品的功效。
➤ 能针对不同菜肴选用不同的调味品。
➤ 能根据直观特征区分不同种类的火力。

一、基本调味品常识

1. 精盐

我国盐资源非常丰富,按食盐来源可分为海盐、井盐、池盐和矿盐四种,其中海盐产量最高。精盐的咸味被冠以"百味之主"的美称(见图1-19)。

精盐在烹调中除了能调和入味外,还有许多其他的作用。如利用精盐的高渗透作用来防止原料的变质;在制作甜味菜时加入少量精盐,能够起到增甜解腻的作用;在制汤时加入适量精盐可增加汤汁的鲜味。

图1-19 精盐

(1) 为了防治碘缺乏病,可使用加碘盐。
(2) 碘盐不宜在高温油中爆炒,以防止碘的流失。

2. 食糖

食糖种类很多,按加工形状和加工程度不同可分为白砂糖、绵糖、冰糖等(见图1-20)。

食糖是经常使用的甜味调料。它能使菜肴味道甘美可口,起到调和滋味的作用,同时食糖还可以提供人体所需的热能,也能腌渍动、植物性原料,即糖渍。

图1-20　食糖

 小贴士

(1) 菜肴中加适量的食糖,与食醋配合使用可调出酸甜可口的美味,即糖醋味。

(2) 太辣的菜肴放适量的食糖能中和辣味。

3. 食醋

我国有许多著名的传统食醋(见图1-21),如山西的老陈醋、镇江的香醋、四川的保宁醋、浙江的玫瑰红米醋等。

图1-21　食醋

食醋具有调和菜肴滋味,增加菜肴香味,去除菜肴异味的作用;能减少原料中维生素C的损失,促进原料中钙、磷、铁等矿物质的溶解,提高菜肴的营养价值和人体的吸收利用率;能调节和刺激人的食欲,促进消化液的分泌,有助于食物的消化吸收;能使肉质软化。食醋还有一定的抑菌、杀菌作用,可用于食物或原料的保鲜防腐,并有一定的营养保健功能。

1. 在烹调绿豆芽等维生素C含量较高的蔬菜中建议加入醋。

2. 在烹调骨骼汤中建议加入醋。

3. 儿童、青少年建议多吃糖醋排骨类菜肴。

4. 味精

味精（见图1-22）主要成分是谷氨酸钠，是由小麦、玉米、淀粉等经水解法或发酵法合成的一种调味品。味精中有一种特有的鲜味，易溶于水，溶解度随温度的升高而增大。味精在菜肴中有增鲜、和味与增强复合味的作用。

图1-22　味精

1. 味精不宜在高温下长时间加热，宜在菜肴起锅前投放。

2. 滋味成酸性、碱性的菜肴中不宜放入味精。

3. 冷菜由于温度低，不宜溶解味精，造成鲜味较差，可用少量温水融化味精后浇在冷菜上。

5. 酱油

酱油（见图1-23）是以大豆、小麦、食盐和水等为原料，经发酵酿制而成的。它以咸味为主，有着酱香味和酯香气，在菜肴中主要起调色、入味、提鲜的作用。

图1-23　酱油

小贴士

红烧类菜肴用酱油调色时要为最后菜肴形成色泽留有余地,防止菜肴在水分蒸发后出现颜色过浓、口味过咸的现象。

6.鸡精

鸡精(见图1-24)是以鲜鸡肉、鲜鸡蛋为主要原料精制而成的高级调味品。它味鲜美、色淡黄、呈颗粒状,其主要成分除鲜鸡肉、鲜鸡蛋外,还有谷氨酸钠、核苷酸、盐、糖等。鸡精含多种氨基酸,融鲜味、香味和营养于一体,并被广泛用于菜肴、点心、馅料、汤菜的调味。

图1-24　鸡精

7.黄酒

黄酒(见图1-25)是以糯米或小米为原料酿制而成的,酒精含量低于15%,是低度酒,呈淡黄色,以浙江绍兴产黄酒最负盛名。黄酒主要用于菜肴腌渍、调味,烹制水产品时尤其少不了它。

图1-25　黄酒

8.葱

我国主要栽培的葱有大葱、细香葱等(见图1-26)。葱一年四季均产,以春、冬两季最好。葱在烹调中是重要的调味品,起到去腥解腻、调和多种口味的作用,很多较油腻的菜肴都要配生大葱同食,如烤鸭、锅烧肘子等。

图 1-26 葱

9. 姜

姜(见图 1-27)的收获季节在 8—11 月份,嫩姜一般在 8 月份收获,其质地脆嫩,含水分多,纤维少,辛辣味较轻;老姜多在 11 月份收获,其质地老,纤维多,有渣,味较辣。姜在烹调中起矫味、去腥膻异味的作用。

图 1-27 姜

 小贴士

(1) 姜性温、味辛,有解表散寒、解毒功效,故人们在淋雨后常喝姜汤祛湿。

(2) 在制作寒性食物时,必须用姜,如螃蟹等水产品。

(3) 在制作野味时生姜可以起到解毒作用。

(4) 腐烂的姜有毒性很强的黄樟素,它能使肝细胞变性,故不可食用。

10. 蒜

蒜(见图 1-28)具有较强的杀菌、降血压和抗癌作用。生大蒜还能起到解腻作用,还是很重要的矫味原料。蒜含有挥发油,患有消化道溃疡的人不宜多食。

图 1-28 蒜

二、火候把握常识

1. 火候概念

火候是指在烹制过程中,烹饪原料或制成菜肴所需温度的高低、时间的长短和热源火力的大小。

2. 火力分类

根据火焰的直观特征,可将火力分为微火、小火、中火、旺火四种。

(1)微火:火焰细小或看不到火焰,适用于菜肴保温或焖、煨等烹调方法。菜肴举例:油焖春笋。

(2)小火:火焰细小、晃动,适用于烹制老韧原料或制成软烂质感的菜肴。菜肴举例:炖猪蹄。

(3)中火:火苗较旺,火力大,常用于家庭中炸、蒸、煮等大多数菜肴烹制。

(4)旺火:适用于宾馆饭店专业烹调。

学习单元二　常用烹调技术

学习目标

➢ 了解刀具的种类。

➢ 掌握不同类型的刀法及操作。

➢ 掌握根据不同原料选用相应刀法。

➢ 掌握基本烹调方法。

➢ 掌握不同原料的烹调方法。

知识要求

一、刀工基本方法

1. 刀具种类

(1)方头刀、圆头刀(见图1-29)

图1-29　方头刀和圆头刀

这两种刀具应用范围较广,既宜于切片,也宜于剁,刀背可锤茸。刀刃的中前端适用于无骨韧性原料的切片,也适用于加工植物性烹饪原料,后端适用于剁带骨的小型原料,如鸡鸭、细猪骨等。

2.刀具保养

(1)刀具使用后必须用洁布擦干刀身两面的水分,特别是切带咸味、黏性的原料(如咸菜、藕等)时,黏附在刀身两面的鞣酸容易使刀身氧化而发黑。

(2)刀具使用后必须放在固定刀架上,以免伤人或损伤刀刃。

(3)潮湿季节除擦干水外,还应在刀身两面涂抹一层植物油,防止刀身生锈或腐蚀。

3.握菜刀的方法

握菜刀的方法如图1-30所示。

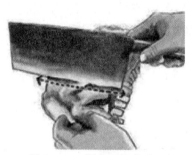

图1-30 握菜刀的方法

4.刀法种类

(1)直刀法

直刀法是刀刃与菜墩面成直角的一种刀法。

直刀法的分类:

① 直切(见图1-31)

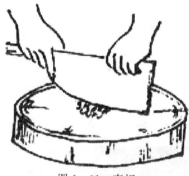

图1-31 直切

直切又叫跳切,这种方法一般用于切制脆性原料,例如:黄瓜、白菜、土豆等。直切时,左手按住原料,右手持刀,运用腕力,一刀一刀笔直地切下去。一般用于不带骨的原料。要点:左右两手必须有节奏地配合,左手中指关节顶住刀身均匀地向后移动,落刀应直,不能偏里或偏外,原料本身不能移动。

② 推切

某些原料如用直刀容易破裂散开,所以要用推切。其操作方法是:刀口不是直着向下而是由后向前推去,着力点在刀的后端,一刀推到底不能拉回来,一般用于切肥肉、肉丝和切小块的原料。要点:刀与原料垂直,切时刀由后向前移动,着力点在刀的后端,一刀推切到底不能拉回来。

③ 拉切

拉切的操作方法是:刀口由前向后拉,刀的着力点在前端,还有一种握刀手法是握住刀面由前向后速度特别快地拉,一般适合于处理脆性原料。例如,在围边时所切的黄瓜片、西红柿片等。要点:刀必须与原料垂直,切时刀由前向后移动,着力点在刀的前端,一刀拉到底,但单拉到底不行,必须虚推实拉。一般用于切质地坚韧的原料。

④ 锯切

锯切也叫推拉切。锯切的操作方法是:先将刀向前推,然后向后拉,这样一推一拉就像拉锯一样地切下去,例如:切涮羊肉、白肉片、面包等。这种刀法用于切厚大无骨、韧性强的原料或质地松散的原料。要点:操作者首先将刀在原料上前推后拉缓缓下切,落刀不要太快,但刀要笔直,不能偏里或偏外。其次,落刀时用力不要太重,可先轻锯几下,待刀切入原料的50%左右时,再用力切断,左手按原料要稳,原料不能移动。

⑤ 铡切

铡切有两种方法:一种是左手握住刀柄,右手按住刀背的前端并着案上,然后对准要切的原料,双手用力一上一下地将原料切碎,这种方法叫单手铡。另一种方法是右手握住刀柄,左手按住刀前端,左右手交替用力摇晃切下,这种方法叫双手铡。这种方法须着重防范下刀材料尽散,例如:加工干辣椒、花椒等。要点:切时要对准原料要切的部位,原料不能移动,压切或摇切要操作敏捷,用力均匀,不使原料汁液流失。

⑥ 滚切

滚切又称滚刀法,其操作方法是:将原料一边滚动一边切。这种刀法适合将圆形或椭圆形质地较脆的原料切成滚刀块时使用。例如:山药、胡萝卜、笋、茭白等。切出来的形状是多边形、不规则形。切成块或片,主要根据原料的速度与落刀的速度决定,滚得快、切得慢切成的就是块,滚得慢、切得快切成的就是片。要点:左手滚动原料的斜度与切时刀的斜度要始终一致,否则切出的原料就会大小不一。

⑦ 直剁

直剁的操作方法是:右手握住刀柄,向下剁的同时向后拉,直观上向后拉的动作几乎看不到,只是手腕部略微用力,这样可以使剁后的原料不向墩外飞溅。直剁的原料有鸡爪、鱼块、鸡块等带小骨的原料。

⑧ 排剁

排剁是将无骨的原料制成茸状或泥状时所用的刀法,通常用两把刀从左至右一刀挨一刀地剁,把原料剁细、剁碎以便制馅或做丸子等。为避免粘刀可将刀放清水中边沾边剁,也有用刀背将原料砸成泥状后再用刀剁的,这样可使茸泥更为细腻。

⑨ 直砍

直砍又叫劈,将刀对准原料要砍的部位用力向下直砍,一般用于处理带骨的肉类或质地坚硬的原料,例如:劈鸡、鸭等。要点:劈时要一刀两断,避免重复劈,否则既影响原料形状整齐,又容易出现碎料。

⑩ 跟刀砍

凡是一刀砍不断,须再跟上两三刀方能砍断的叫跟刀砍。其操作方法是:对准原料要砍的部位,先砍一刀让刀嵌在原料要砍的部位上,然后使刀将原料带起,再一起落下,如此反复直至将原料砍断,例如,猪蹄等。要点:左手拿原料右手持刀,两手同时起落,而且刀刃要紧嵌原料内部,以免脱落,否则容易发生事故或切空。

⑪ 拍刀砍

拍刀砍的操作方法是:右手持刀,放在原料要砍的部位上,然后用左手掌在刀背上猛拍下去,将原料砍开。一般适合处理圆形和椭圆形、体小而滑的原料,例如:鸡头、熟鸡蛋等。

(2) 平刀法

平刀法也称片刀法,这是刀与砧板成平行状态的一种刀法(见图 1-32)。它能把原料片成薄片,是一种比较细致的刀工处理方法。适合加工无骨的韧性、软性原料或煮熟回软的脆性原料。

图 1-32 平刀法

平刀法的分类:

① 推刀片

操作方法是:左手按住原料,放平刀身片进原料后向外推移。这种刀法适用于切煮熟回软的脆性原料,例如:熟笋、玉兰片等。

② 拉刀片

操作方法是:左手按住原料,放平刀身片进原料后向里拉动。这种刀法适用于切韧性原料,最适合切小块的肉类,例如:鸡脯肉、鱼片等。

③ 锯刀片

锯刀片是推拉片的结合,适合处理带韧性的原料,例如:瘦肉等。这种刀法是平刀法最常用的,一般用来片肉片、鸡片、鱼片等。锯刀片法又分为上出片和下出片两种。上出片是北方厨师常使用的手法之一,下出片则是南方厨师常使用的手法。操作方法是：左手按住原料,右手拿刀从接近墩面的肉块上片出薄片。这种方法既安全又均匀。

④ 平刀片

操作方法是：刀放平使刀与砧板平行,片时要一刀片到底。适合片无骨的软性原料,例如：豆腐、鸭血、山楂糕等。

（3）斜刀法

这是刀与砧板成一定斜角状态的一种刀法（见图 1-33）。

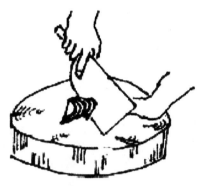

图 1-33　斜刀法

斜刀法的分类：

① 正斜刀片

操作方法是：刀与原料有一定角度,刀刃向里。适合片柔软有韧性的原料,例如：猪腰子、熟肚、鱼等。

② 反斜刀片

操作方法是：刀刃向外,速度较快地片下。这种刀法适合片脆性原料,例如：黄瓜、西芹、苦瓜等。

斜刀法要点：左手按原料,右手持刀,要互相有节奏感地配合,对原料的厚薄以及斜度的掌握,主要靠目光看；要掌握好两手的动作和落刀的部位以及右手控制刀的活动方向。

（4）混合刀法

混合刀法又叫花刀。它是指在原料表面划出距离均匀、深浅一致的刀纹,然后改刀成小块状,经过加热后能使原料卷曲成不同形状的方法。混合刀法是将直刀法和斜刀法两者混合使用的刀法,饮食行业中称之为"剞刀法"。剞刀法主要用于加工韧中带脆的原料,例如：腰子、鱿鱼、墨鱼、鸡胗、鱼肉等。操作方法是：将原料先片后切,片切的刀纹要深浅一致、距离相等、整齐均匀、相互对称。剞法不一样加热后所产生的形态也不一样,有的像麦穗,有的似金鱼,还有蓑衣花刀、梳子花刀、牡丹花刀、荔枝花刀、柳叶花刀等。

（5）其他刀法

① 拍刀法：根据烹调的需要将原料拍松、拍平等,例如：拍姜、拍蒜等。

② 削刀法：把原料的薄皮削掉,例如：黄瓜、土豆、茄子等。

③ 剔刀法：将带肉的骨头上的肉剔下来,例如：肘子、棒骨等。

④ 刮刀法：用刀将原料的毛茬刮掉,例如：肉皮、猪蹄等。

⑤ 旋刀法：多指旋原料的皮,例如：苹果、梨等。

二、基本烹调方法

1. 蒸

蒸是利用蒸汽传热使经加工、调味的主料变熟的烹调方法。

成菜特点：成品菜肴富含水分,质感软烂或软嫩,形态完整,原汁原味。

传热工具：蒸汽炉、电饭煲、微波炉、锅等。

案例：清蒸鲈鱼(见图 1-34)。

图 1-34　清蒸鲈鱼

(1) 制作材料：鲈鱼一条(约 500g),水 50~70g、盐 3g、黄酒 5g、姜 3g、葱 3g、味精 2g。

(2) 工艺流程：鲈鱼宰杀—洗涤—基本味腌渍(盐、酒)—蒸熟—纠正口味—上桌。

(3) 烹调处理

① 鲈鱼宰杀,去鳞、鳃、内脏、黑膜后用水清洗干净,沥水待用。

② 鱼身两侧剞上直刀深至鱼肉的 1/2,刀纹间距约 2cm,在鱼身上涂抹上盐、酒腌渍 10 分钟,蒸前再在鱼上放上葱和姜片。

③ 入蒸汽炉或电饭煲中蒸熟后倒出汤汁,再用盐、味精、酒纠正口味,撒上葱末,最后把卤汁浇淋在鱼身上即可。

(4) 工艺提示：控制好加热时间和熟度,鱼身能顺利插入筷子即已熟。

(5) 营养价值

鲈鱼具有补肝肾、益脾胃、化痰止咳之效,对肝肾不足的人有很好的补益作用。鲈鱼还可治胎动不安、生产少乳等症。鲈鱼是一种准妈妈和生产妇女吃了既补身又不会造成营养过剩而导致肥胖的营养食物,是健身补血、健脾益气和益体安康的佳品。另外,鲈鱼血中还含有较多的铜元素,铜能维持神经系统的正常功能并参与数种物质代谢功能的发挥。铜元素缺乏的人可食用鲈鱼来补充。淡水中的鲈鱼,其肌肉脂肪中的DHA含量居所有被测样品之首。为了减少鱼肉中宝贵的DHA在食用时流失,要注意合理的烹饪方法。DHA不耐高热,因此对于富含DHA的鱼类,建议采用清蒸或炖的方法,不建议油炸,因为油炸温度过高,会大大破坏宝贵的DHA,所以清蒸鲈鱼最补脑。

（6）知识链接:用此方法也可以蒸其他鱼,如带鱼、鳜鱼、小黄鱼、鲳鱼等。若把腌渍时和最后纠正口味的盐换成雪菜汁,其他调味品不变,就能得到清香鲜美的雪菜汁味菜肴。

2.炒

炒是将刀工成形的主料用少量的油翻炒,再放入配料和调料炒成菜的方法。

成菜特点:味型多样,质感或软嫩,或脆嫩,或干香。

传热工具:铁锅等。

案例:肉丝炒蒜苗(见图1-35)。

图1-35　肉丝炒蒜苗

（1）制作材料:瘦猪肉100g、蒜苗200g、水约100g、盐3g、味精2g、色拉油8g。

（2）工艺流程:猪肉切丝、蒜苗切段—猪肉入锅煸炒—下蒜苗、水、酒、盐调味—熟后放味精—出锅装盘。

（3）烹调处理

① 猪肉切除筋腱膜后,先切肉片再切丝,待用。

② 蒜苗切成6cm长的段。

③ 锅置火上烧热,用油滑过放入肉丝煸炒至灰白色,放入蒜苗、水、酒、盐调味翻炒,蒜苗熟后再放入味精,出锅装盆盘。

（4）工艺提示

① 猪肉上的筋腱膜称为结缔组织,因难以消化吸收所以食用价值不大。

② 锅烧热,用油滑过,目的是防止原料粘在锅底。

③ 蒜苗转成深绿色即成熟。

（5）营养价值

蒜苗含有糖类、粗纤维、胡萝卜素、维生素 A、维生素 B_2、维生素 C、烟酸、钙、磷等成分。其中含有的粗纤维,可预防便秘;丰富的维生素 C 具有明显的降血脂及预防冠心病和动脉硬化的作用,并可防止血栓的形成。蒜苗能保护肝脏,诱导肝细胞脱毒酶的活性,可以阻断亚硝胺致癌物质的合成,从而预防癌症的发生。此外,蒜苗中的辣素的杀菌能力可达到青霉素的 1/10,对病原菌和寄生虫都有良好的杀灭作用,可以起到预防流感、防止伤口感染和驱虫的功效。

（6）知识链接

① 此方法中猪肉可以换成牛肉、鸡脯肉等,蒜苗可以换成大蒜、土豆、青椒、藕片等。

② 加工的形状可以换成片、末等。

3. 炖

炖是将主料加汤水及调料,先用旺火烧沸后用中、小火长时间烧煮至主料软烂成菜的方法。

成菜特点：汤菜合一、原汤原味、滋味醇厚、质感软烂。

案例：清炖鲫鱼汤（见图 1－36）。

图 1－36　清炖鲫鱼汤

（1）制作材料：鲫鱼 1 条（300～400g）、嫩豆腐 200g、水约 400g、盐 4g、醋 5g、味精 3g、绍酒 5g、色拉油 10g、胡椒粉 1g、姜 3g、葱 5g。

（2）工艺流程：鲫鱼洗涤干净、嫩豆腐切块—入锅煎鱼—下豆腐、水、绍酒等调味品焖烧—成熟后放盐、味精纠正口味—出锅装碗。

（3）烹调处理

① 鲫鱼宰杀,刮鳞,去鳃、内脏、黑膜,洗涤干净,沥干水分待用。

② 嫩豆腐切成 2cm 见方的块。

③ 锅烧热后用油滑过,放入鲫鱼煎至鱼身两面呈焦黄色,烹入黄酒,放入豆腐块、水、葱、姜片,用大火烧开后转小火焖烧 10 分钟左右,至汤成乳白色时加入盐、味精、醋、胡椒粉纠正口味,出锅装碗,撒上葱末即可。

（4）工艺提示

① 鲫鱼初加工时鱼鳃、黑膜等必须洗涤干净。

② 鱼汤焖煮时需要的火候是：大火烧开后转入小火焖烧,如此才能炖出乳白色

的汤。

（5）营养价值

鲫鱼所含的蛋白质质优、齐全，容易消化吸收，是肝肾疾病、心脑血管疾病患者的良好蛋白质来源。经常食用，可补充营养，增强抗病能力。鲫鱼有健脾利湿、和中开胃、活血通络、温中下气之功效。对脾胃虚弱、水肿、溃疡、气管炎、哮喘、糖尿病等都有很好的滋补食疗作用。

（6）知识链接

① 此方法炖汤时可以把鲫鱼换成小黄鱼、鲳鱼、鳙鱼、米鱼等；豆腐可以换成雪菜末、笋片、榨菜等。

② 若在炖汤中加入猪油 2～3g，对汤色成乳白色有更大的帮助。

4.拌

拌就是把可食的生原料或晾凉的熟原料，加工切配成丝、丁、片、块、条等规格，再加入调味料直接调制成菜肴的方法。

成菜特点：品种丰富，味型多样，成品鲜嫩柔脆、清爽利口。

案例：凉拌金针菇（见图 1 - 37）。

图 1 - 37 凉拌金针菇

（1）制作材料：金针菇 200g、青椒 50g、盐 3g、味精 3g、麻油 3g。

（2）工艺流程：金针菇水煮成熟—沥干水分—加调味品拌和—装盘。

（3）烹调处理

① 金针菇切成 6cm 长的段，青椒切丝。

② 锅中水开后放入金针菇和青椒丝氽 2～3 分钟成熟捞出，加盐、味精、麻油调拌均匀后装盘即可。

（4）工艺提示：掌握好青椒丝的成熟度。

（5）营养价值

① 金针菇含有人体必需氨基酸成分较全，其中赖氨酸和精氨酸含量尤其丰富，对增强智力，尤其是对儿童的身高和智力发育有良好的作用，人称"增智菇"。

② 金针菇中还含有一种叫朴菇素的物质，有增强机体对癌细胞的抗御能力，常食金针菇还能降胆固醇，预防肝脏疾病和肠道胃溃疡，增强机体正气，防病健身。

③ 金针菇中含锌量比较高，也具有促进儿童智力发育和健脑的作用。

④ 金针菇能有效地增强机体的生物活性,促进体内新陈代谢,有利于食物中各种营养素的吸收和利用,对生长发育也大有益处。

⑤ 金针菇可抑制血脂升高,降低胆固醇,防治心脑血管疾病。

⑥ 食用金针菇具有抵抗疲劳、抗菌消炎、清除重金属盐类物质、抗肿瘤的作用。

(6)知识链接

① 金针菇拌海蜇:海蜇切丝控干水分后直接加在汆熟的金针菇中拌和,调味品种类和数量同上。

② 金针菇拌干丝:香干切丝同金针菇一起汆熟后拌和,调味品种类和数量同上。

③ 香菜拌干丝、荠菜拌笋丝,方法雷同。

④ 调味品中还可以加入辣油、熟白芝麻等以丰富菜肴口味。

5.汤

汤是将主料或辅料放入不同温度的水中,经短时间加热至熟,再放入调料,成菜汤多于原料几倍的方法。

成品特点:加热时间短,汤宽不勾芡,清香味醇、质感软嫩。

案例:西红柿蛋汤(见图1-38)。

图1-38　西红柿蛋汤

(1)制作材料:西红柿150g、鸡蛋50~60g、盐3g、味精2g、麻油2g、葱末2g。

(2)工艺流程:西红柿切块—入沸水锅—水再次煮沸后淋入打匀的蛋液—调味—出锅装碗。

(3)烹调处理

① 西红柿去蒂清洗干净后切成大拇指大小,鸡蛋打匀待用。

② 锅中加入水煮沸后放入西红柿块,水再次沸腾时沿顺时针方向淋入鸡蛋液,再放入盐、味精调整口味,出锅装碗后淋入麻油、撒上葱末即可。

(4)工艺提示:淋入鸡蛋液时水必须呈沸腾状态,才能使蛋液凝固后成片状,而且淋入蛋液需静止10秒钟后再用锅铲推动,否则蛋液会因未凝固而使汤色变得浑浊。

(5)营养价值:此汤具有蛋白质美容疗效,能使皮肤有弹性、有光泽,是一款简单易做的美容佳品。

(6)知识链接:紫菜蛋汤、榨菜蛋汤等汤菜加工方法同上。

三、主食的制作

1. 米饭（每位）

见图 1-39。

图 1-39 米饭

（1）制作材料：粳米或籼米 100g、水 150g。

（2）烹调处理

① 米淘洗干净，滗出水浸泡 30 分钟以上，使米粒充分吸收水分。

② 米粒加上水放入电饭煲中，焖烧成熟即可。

（3）操作关键：水量可以根据个人喜好添加。

（4）知识链接：

① 咸肉豌豆米饭：用糯米加豌豆和咸猪肉丁焖煮成，方法同上。

② 二米饭：在粳米或籼米的基础上添加小米或者黍米，用同样方法制成。

2. 菜泡饭（每位）

见图 1-40。

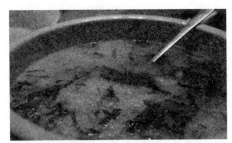

图 1-40 菜泡饭

（1）制作材料：青菜 100g、米饭 150g、水约 200g、盐 3g、味精 2g、色拉油 5g。

（2）工艺流程：青菜整理洗涤—切小段—下锅煸炒—加米饭、水、调味品—成熟后装碗。

（3）烹调处理

① 青菜整理洗涤后切成 1.5cm 长的小段待用。

② 锅置火上放色拉油煸炒青菜至干瘪状后放入米饭、水、盐，焖烧至菜成熟后放入

味精纠正口味,出锅装碗即可。

(4)操作关键:掌握好青菜的成熟度,忌过熟。

(5)知识链接

① 芋艿菜泡饭:在青菜泡饭的基础上加入熟的芋艿块即可。

② 番薯泡饭:把青菜换成熟番薯块,其他步骤同上。

3. 阳春面(每位)

见图1-41。

图1-41 阳春面

(1)制作材料:手工面条 200g、美味鲜酱油 10g、水 1500g、色拉油 5g、葱末 3g、肉汤 150g、味精 2g。

(2)工艺流程:肉汤中加酱油等调味品调和—面条煮熟—装碗撒葱末。

(3)烹调处理

① 肉汤中加酱油、色拉油、味精调和。

② 锅中水烧开后放入面条,煮至八成熟后捞出,装在肉汤汁中,撒上葱末即可。

(4)操作关键:掌握好面条的成熟度,煮面条至八成熟即可出锅装碗,待浇上汤汁,上桌就餐时已达完全成熟。若面条在锅中煮到完全成熟,待食用时就可能糊了。

(5)知识链接

① 咸菜肉丝面:肉汤中加入咸菜和肉丝,再按同样方法加面条即可。

② 青菜肉丝面:肉汤中加入青菜和肉丝,再按同样方法加面条即可。

4. 雪菜笋丝年糕汤(每位)

见图1-42。

图1-42 雪菜笋丝年糕汤

（1）制作材料：雪菜 50g、笋丝 50g、年糕 150g、色拉油 5g、葱末 3g、盐 2g、肉汤 150g、味精 2g。

（2）工艺流程：笋煮熟切丝、雪菜洗净后切末、年糕切片—煸炒雪菜、笋丝，下年糕片、肉汤—调和滋味后装碗，撒葱末。

（3）烹调处理：

① 笋去老根，外壳剥净后用水煮熟，去掉草酸（涩味），晾凉后切成丝。

② 雪菜洗净切成末状，年糕切片待用。

③ 热锅滑油后锅留底油，放入雪菜、笋丝煸炒后放入年糕片、肉汤，大火烧开后加盐、味精调和滋味，出锅装碗，撒葱末即可。

（4）操作关键：雪菜本身带有咸味，故调味时控制好盐量。

（5）知识链接：年糕还可以切成丝状以适应不同人群的需要。

5. 汤圆（每位）

见图 1-43。

图 1-43　汤圆

（1）制作材料：水磨糯米粉 60g、猪油芝麻馅心 36g、水 100g、糖桂花 5g。

（2）工艺流程：糯米粉加水合成面团—馅心搓成小丸子—包捏成圆球—入沸水锅煮熟—捞出装碗，撒上白糖。

（3）制法方法：将馅心搓成 6 粒，糯米粉摘成 6 只剂子，捏成盅形，入馅搓成圆状，投入沸水锅煮至上浮，掺入少量凉水漂漾成熟，装碗后撒上糖桂花即可。

（4）操作关键

① 汤团要大小一致，馅心包捏要均匀，防止漏馅。

② 判断成熟度：汤团要求上浮，微微有些膨大才算彻底成熟。

6. 绿豆粥（每位）

见图 1-44。

图 1-44　绿豆粥

（1）制作材料：绿豆20g、粳米50g、白糖8g、水400g。

（2）工艺流程：绿豆、粳米浸泡—加水焖煮—放白糖调味装碗。

（3）烹调处理

① 绿豆加水浸泡1小时，粳米淘洗干净后滗出水浸泡30分钟，使豆和米粒充分吸收水分。

② 绿豆和粳米加水放入电饭煲中焖煮2小时成浓稠状米粥装碗即可。

（4）操作关键：加水量和加热时间是决定米粥浓稠程度的关键。

四、烹饪小窍门

1. 磨菜刀技巧

（1）磨刀工具：刀砖、油石、瓷碗等。

（2）磨刀方法

① 在刀砖或油石上磨刀要待刀砖或油石表面起浓稠的砂浆后才能淋水。

② 急用时刀具两侧可以在瓷碗的底部摩擦，也能达到一定效果。

（3）鉴别菜刀锋利程度：刀口在指头上拉动有拉不动感觉。

2. 使用菜墩技巧

现在大多数家庭使用的塑料墩面（见图1-45），能有效改善木墩开裂、易滋生细菌的缺点，但塑料墩面在日常使用中还要注意以下几点：

（1）每次使用前用清水洗涤。

（2）切熟食或直接入口食品前宜用沸水浇淋墩面和刀面进行消毒。

（3）平时墩面宜直立摆放。

图1-45 菜墩

3. 防止鱼皮粘锅技巧

（1）热锅滑油：把锅烧灼热后用油滑一下使锅壁润滑后再下鱼。

（2）鱼体表面宜用干净的毛巾吸干水分或晾凉后下锅煎。

（3）生姜擦锅法：把锅烧灼热后用生姜的截面擦锅壁后再下鱼。

（刘劲松　徐　萍）

第二章　家庭清洁卫生

第一节　家居清洁基础知识

学习单元一　常用清洁剂

 学习目标

➤ 了解常用清洁剂种类。
➤ 掌握常用清洁剂性能和使用方法。

📚 知识要求

一、常用清洁剂种类

家居清洁离不开清洁剂,常用的清洁剂有肥皂、洗洁精、漂白剂、碱、去污粉、空气清新剂、杀虫剂、洁厕灵等。还包括一些专用清洁剂,如:卫浴多用途清洁剂、浴缸清洁剂、玻璃清洁剂、墙纸清洁剂、地毯清洁剂、洁瓷灵、玻璃家电无痕清洁剂、全能清洗水、玻璃清洗剂、瓷砖清洗剂、陶瓷清洗剂、去胶剂、除渍剂、酸性清洁剂、不锈钢清洗剂、不锈钢光亮剂、家私蜡等。

二、常用清洁剂性能和使用方法

作为一名初级家务助理员,每天都必须和常用清洁剂打交道,因此了解各种清洁剂的用途,以及正确使用它们,是十分重要的。

1. 肥皂

肥皂基本呈固体块状,人工使用方便、耐用;肥皂水溶液呈碱性,泡沫丰富,去污能力强。肥皂可用于洗手、洗衣物、洗抹布,甚至还可以洗纱窗等生活用品,是最基本、使用最为便捷的清洁剂(见图 2－1)。

图 2-1 肥皂

肥皂使用方法：将需要清洗的衣物或抹布打湿，然后直接将肥皂涂在需要清洗的湿物品上，再揉搓清洗即可。

 小贴士

1. 肥皂有刺激作用，不适合洗涤丝毛制品；

2. 将肥皂存放在阴凉、干燥、小孩子接触不到的地方；

3. 如果不慎将肥皂水溅入眼中或口中，要立即用大量清水冲洗并及时就诊；

4. 当前市场上有各种不同品牌、不同用途的肥皂，应根据实际工作的需要进行选择性购买。

2. 洗洁精（见图 2-2）

图 2-2 洗洁精

洗洁精为日常清洁用品，主要由阴离子表面活性剂复配而成，也包括表面活性剂、水、食用香精等。其温和不刺激，泡沫柔细，能够迅速分解油腻，快速去污、除菌，能有效彻底清洁、不残留。时常使用可确保居家卫生，避免病菌传染。可用于清除餐具和其他厨房用品油污；也可去除瓜果、蔬菜残留的农药和污渍；还可以用于防菌。

洗洁精使用方法：

（1）打盆清水,往盆里滴入洗洁精（视清洗物件多少来定洗洁精分量）；

（2）将餐具、瓜果、蔬菜等放入兑有洗洁精的水里；

（3）浸泡2～3分钟后,用抹布、手或其他工具清洗物件,再用清水冲洗干净；

（4）餐具放入滴水篮,瓜果、蔬菜放入筐内沥干水分；

（5）餐具用干抹布擦干净。

 小贴士

1.用洗洁精洗涤蔬菜瓜果时,要将洗洁精用水稀释200～500倍为宜,同时浸泡后还须反复用流动清水冲洗干净；

2.针对特别油腻的餐具,配合温水洗涤效果更佳；

3.对于很难去祛除的污渍,可先浸泡再洗涤；

4.本品不可食用。

3.洗衣粉（见图2－3）

图2－3　洗衣粉

现在洗衣粉多为无泡洗衣粉和低泡洗衣粉。此两种洗衣粉的特点是泡沫少,泡沫消失快,在使用时不要放入太多。也存在加酶洗衣粉,加酶洗衣粉中添加了多种酶制剂,如碱性蛋白酶制剂和碱性脂肪酶制剂等,这些酶制剂不仅可以有效去除衣物污渍,也不会对人体产生毒害作用,相比之下手洗更多的是使用加酶洗衣粉。洗衣粉主要用于清洁衣物、地面等。

洗衣粉使用方法：将要清洗的衣物放入盆内或洗衣机内,倒入洗衣粉,手搓或打开洗衣机按钮即可。

 小贴士

1.加酶洗衣粉在使用时可用热水,但要避免用过热的开水,最高水温为60℃；

2.将洗衣粉存放于阴凉、干燥、小孩子接触不到的地方。

4. 漂白剂(见图 2-4)

图 2-4 漂白剂

漂白剂可用作清洁杀菌、漂白消毒;同时漂白剂对于去除茶渍、烟渍、饮料渍也有很好的作用。但是漂白剂是化学物品,透过氧化反应以达到漂白物品的效用,而把一些物品漂白也会把它的颜色去除或变淡,同时还有一定的防腐作用。

漂白剂使用方法:

(1) 将漂白剂兑水;

(2) 将兑水后的漂白剂直接喷于污迹表面,停留几分钟后擦去;

(3) 用清水擦洗漂白物品;

(4) 若漂白剂味道较大,可喷些空气清新剂。

🏅 小贴士

1. 漂白剂用于衣物漂白时,注意不要将其喷洒于需要漂白处之外的地方;

2. 切勿与酸性清洁剂混合使用;

3. 有色衣物、金属及其他硬表面用稀释液在不显处试用 10 分钟后再使用;

4. 不要直接使用原液,一般要稀释后使用;

5. 存放于阴凉避光的地方;

6. 使用时最好戴橡胶手套;

7. 用后要立即拧紧瓶盖。

5. 碱(小苏打)(见图 2-5)

图 2-5 碱

碱呈固体状态,圆形,色洁白,易溶于水。碱用来清洗油腻较重的餐具效果非常好。

碱使用方法:

(1)将餐具放入洗碗盆内,取出一些碱面撒入盆中;

(2)倒入热水,浸泡2～3分钟;

(3)用清水冲洗干净物品。

 小贴士

使用碱来清洗物品时,只能用热水。

6.油污一喷净(见图2-6)

图2-6　油污一喷净

油污一喷净是一种以四氯乙烯为主要原料的多用途清洁剂,其中含乙醇、丙酮、沸石、香精等,其pH值在5.5～7.0,对物品没有腐蚀作用。其含有特种表面活性剂成分,不伤害设备表面。携带使用都非常方便。油污一喷净可用于清洁橱柜、炉具、瓷砖、抽油烟机等表面的油污。

油污一喷净使用方法:将油污一喷净喷射于器具需要清洁处,用湿布擦拭干净,最后再用软布或毛巾擦干净即可。

 小贴士

1.此种清洁剂可以用于不锈钢等多种材料表面,但油漆表面要谨慎使用,如非要清理漆面上的油污可用水稀释一喷净后再用;

2.保存时将其置于阴凉处;

3.请勿倒置。

7. 消毒清洁剂（见图 2-7）

图 2-7　消毒清洁剂

消毒清洁剂具有极好的灭菌作用，可杀灭多种细菌、有效去除各种表面污渍，是日常家居和公共场所快速消毒的理想产品。它可用于餐具、砧板、茶具等的消毒，也可用于冰箱、电话机、浴缸、马桶、玩具以及其他硬质表面器具的洗涤消毒，同时还可用于地面消毒。

消毒清洁剂使用方法：使用时将消毒清洁剂直接喷于待处理表面，再用干布擦净。

 小贴士

1. 消毒清洁剂不可与其他洗涤剂混合使用；
2. 油漆表面的器具要小心使用消毒清洁剂；
3. 对未知表面使用消毒清洁剂时，可先在不显眼处试验一下，证明对表面无损伤时才可使用；
4. 使用消毒清洁剂最好戴上橡胶手套。

8. 去污粉（见图 2-8）

图 2-8　去污粉

去污粉主要成分为工业用小苏打,具有腐蚀性,但去污效果很好,主要用于家庭日常清洁。可用来洗涤、擦拭搪瓷用具、玻璃器皿,清洁水池、浴盆和陶瓷类地砖、墙及其他坚硬表面的器具。

去污粉使用方法:先将洗涤物冲湿,再用八分干的湿抹布蘸去污粉,反复擦拭脏处,最后用水冲干净或用湿布擦干净即可。

🏅 小贴士

1. 放置在阴凉、干燥处保存;

2. 若不甚误入眼睛,立即用清水冲洗。

9. 空气清新剂(见图 2-9)

图 2-9　空气清新剂

空气清新剂由乙醇、香精、去离子水等成分组成,空气清新剂能够有效中和、去除室内的各种难闻异味,散发出清香,能有效减轻人们对于异味的不舒适感觉。同时经济实惠,一瓶可喷数百次。

空气清新剂使用方法:用前摇动罐身,垂直随意向室内空间喷射数秒钟。

🏅 小贴士

1. 不要在靠近火源或有其他高温易起火的地方使用;

2. 不要放置在煤气灶或温度较高的地方;

3. 本品为易燃品,不要用力撞击;

4. 储存于干燥阴凉的地方,避免其被太阳暴晒。

10. 杀虫剂(见图 2-10)

杀虫剂是主要用于防治城市卫生害虫的药品,使用年代久远、用量大、品种多。杀虫剂能够有效、迅速杀灭蟑螂、蚊子、苍蝇、蚂蚁等害虫。

图 2-10　杀虫剂

杀虫剂使用方法：

（1）用前摇动罐身，对准蚂蚁等害虫常出没的地方喷射，或对准蚊蝇直接喷射，或沿屋角喷射。

（2）关闭门窗，按照房间的面积，在距墙 1m 左右向空中各个方向喷射，10～20 分钟后打开门窗通风即可。

 小贴士

1. 在使用杀虫剂时，请勿对向人体及食物喷射，如果在使用时接触到皮肤，请立即用大量清水冲洗；

2. 不要倒置使用；

3. 要远离火源使用，不要将废弃后的罐子扔到有火源的地方；

4. 使用后一定要注意通风；

5. 过敏者禁止使用，如若在使用过程中发现有不良反应要立即就医并停止使用该类杀虫剂。

11. 洁厕灵（见图 2-11）

图 2-11　洁厕灵

洁厕灵能够强力除垢，消除异味留有清香，对细菌繁殖、有害真菌等有良好的杀灭作用。同时对陶瓷类日用品，如便器、瓷砖、水池表面具有良好的去污除垢作用，尤其是尿垢、尿碱等。其可用于清洁卫生间的便器、马桶，除臭消毒，同时保持厕盆表层、表面光亮清洁。

洁厕灵使用方法：

（1）打开坐厕盖子，将洁厕灵喷嘴对准坐厕边缘，将洁厕液喷于四周污垢上；

（2）停留几分钟后，用软毛刷稍加刷洗；

（3）最后用水冲洗干净。

 小贴士

1. 洁厕剂在使用时要注意不要与漂白水或其他化学用品混用，且用时最好戴上橡胶手套；

2. 使用洁厕灵要尽量避免接触皮肤，若不慎与皮肤接触，要及时用清水冲洗；

3. 洁厕灵不能与其他碱性洗涤用品同时使用，否则会失去其应有的效果，碱性洗涤剂包括厨房清洁剂、肥皂等。

12.卫浴多用途清洁剂（见图2-12）

图2-12　卫浴多用途清洁剂

卫浴多用途清洁剂是洁净能手，能有效处理卫浴日常所见的不锈钢锈斑、茶渍、水垢、肥皂垢、霉斑等，使器皿表面清洁光亮、持久如新。其可用于不锈钢、铜、铬、镀铬、塑料、陶瓷制品的去锈、抛光和清洁，适用于卫浴室内瓷砖、地面、浴盆等的清洁。

卫浴多用途清洁剂使用方法：

（1）将清洁剂喷涂或洒在污垢处；

（2）隔3～5分钟，使清洁剂能够深入去垢；

（3）若浴缸等地方污渍较顽固，可以重复喷洒几次清洁剂；

（4）最后用湿布或软刷刷洗干净即可。

 小贴士

1. 不要用于金、银、铂以及软漆面；

2. 不要与其他家用化学用剂混合使用,包括清洁剂和漂白剂;

3. 放置于小孩接触不到的地方;

4. 使用过程中若不慎溅入眼睛内,要立即用清水冲洗。

13. 玻璃清洁剂(见图 2-13)

图 2-13　玻璃清洁剂

玻璃清洁剂能去除、分解玻璃表面的油污、灰尘及各种污渍,使用后在玻璃表面形成一层光亮的薄膜,保持玻璃器皿表面光滑、明亮,擦后不留痕迹。其适用于窗户玻璃、窗框、镜子、瓷砖及电器表面等方面。

玻璃清洁剂使用方法:

(1) 喷射适量到需要清洁的物体表面;

(2) 用软布轻轻擦拭,直至擦拭干净为止。

 小贴士

1. 不要将其直接喷在布上擦拭;

2. 放置在儿童及宠物接触不到的地方;

3. 一旦触及眼睛最好立即就医。

14. 墙纸清洁剂(见图 2-14)

图 2-14　墙纸清洁剂

墙纸清洁剂是一种含有特殊表面活性剂的清洁剂,能有效清除墙纸表面的各种污垢,能够做到不伤墙纸;也可以迅速杀灭并分解墙体霉菌,使霉变的墙体恢复原状;同时也可渗透表面与基材形成环保防水层,保持墙体较长时间不再发霉。

墙纸清洁剂使用方法:

(1) 使用时将清洁剂在离墙面 20cm 处喷于污垢处;

(2) 10 分钟后用干布轻轻擦净即可。

15. 地毯清洁剂(见图 2 – 15)

图 2 – 15　地毯清洁剂

地毯清洁剂主要成分为空心球状硅石,是用干纤维素纸浆加入少量表面活性剂制成,能够在不伤害地毯的同时有效清除地毯污物。

地毯清洁剂使用方法:

(1) 将地毯清洁剂均匀喷洒在污垢表面;

(2) 静等 3～5 分钟,使其充分渗透地毯;

(3) 用干抹布或海绵做局部清洁。

小贴士

1. 在使用地毯清洁剂清洁地毯前,首先要在隐蔽处试用一下,确保它不会使织物褪色,如果褪色就不能使用;

2. 不用时拧紧盖子,并放置在小孩子接触不到的地方。

16. 洁瓷灵(见图 2 – 16)

图 2 – 16　洁瓷灵

　　洁瓷灵的主要成分为表面活性剂,其去污力强,但不损伤器皿。多用于去除瓷器表面、搪瓷表面及金属表面的污垢。

　　洁瓷灵使用方法:

　　(1) 将洁瓷灵挤出少量抹在湿布上;

　　(2) 用湿布轻擦物体表面;

　　(3) 用清水冲净或用湿布擦净即可。

小贴士

　　1. 请放置在小孩接触不到的地方;

　　2. 切勿与漂白剂或其他化学用剂一同使用,以免产生有害气体;

　　3. 避免液体与手长时间接触,用后洗手;

　　4. 使用时,请保持良好的通风环境。

　　在使用上述所有清洁用品时,都要避免其接触眼睛。如果在使用过程中不慎接触到眼睛,要立即使用大量清水冲洗,如果还是感到不舒服,就要立即就医。

学习单元二　基本清洁工具种类和使用方法

学习目标

➢ 了解基本清洁工具的种类。

➢ 能够正确使用各类清洁工具。

➢ 掌握各类清洁工具的注意事项。

知识要求

　　随着社会发展、科技进步,现代大中型城市中的家庭的家居结构、家庭装饰都更加精致多样,与此同时,对清洁工具的要求也从基本的清扫工具发展到更加多样的清扫工具,我们在进行家居清洁时要根据不同的清洁内容来选择不同的清洁工具。清洁工具包括:抹布、清洁刷、清洁桶(盆)、橡胶手套、掸子、垃圾桶、拖把、拖桶、厕所刷、铲(刮)刀、吸尘器、推尘器、擦窗器、刮水器、伸缩杆、工作梯等。家庭当中,有时候旧袜子、旧牙刷、棉棒、牙签、蜡烛、旧报纸等也可以作为清洁工具来使用。要做合格的家务助理员,对基本的清洁工具使用方法的掌握是其基本技能。下面来看一下基本清洁工具的使用方法。

一、抹布

抹布(见图2-17)即清洁布,用以擦拭各式桌椅及各种物品。同时,在家居清洁过程中,要根据清洁内容的不同,为清洁对象配备不同的专用抹布,不能混用。在使用时要保证抹布的清洁,使用结束后也要对其进行清洁,将其洗净、拧干并晾晒,要对抹布定期消毒,一般一周一次即可。

图2-17 抹布

二、清洁盆

清洁盆(见图2-18)在家居中多为塑料盆,是在进行清洁时,盛放清洁水的工具。

图2-18 清洁盆

三、喷壶

喷壶(见图2-19)可以用来稀释清洁用品。其出水口可以旋转调节喷洒出水量,可有效控制清洁液体的用量;密封性也较好,不漏水,使用方便。其用处很多:可用于居室或公共场所喷洒香水、洗涤剂;可盛放稀释的清洁液,便于家庭清洁;可用于清洗家具和玻璃,以及熨烫服装时喷水;也可以用于花卉、盆景的喷水和病虫害防治。

图2-19 喷壶

四、扫帚

扫帚（见图 2 - 20）主要是用来清扫杂物、灰尘。扫地的动作要轻，以免灰尘飞舞。

图 2 - 20　扫帚

五、簸箕

簸箕（见图 2 - 21）主要是用来收集清扫的杂物灰尘。用时需要轻拿轻放，同时在倒垃圾时要缓慢，避免将垃圾倒出垃圾桶外。

图 2 - 21　簸箕

六、垃圾桶、垃圾袋

垃圾桶（见图 2 - 22）用于存放生活垃圾。垃圾桶在使用过程中要保证其清洁、无异味。同时要在客厅、卧室、厨房、洗手间配备专用垃圾桶，其垃圾也不能随意混装。垃圾袋要和垃圾桶同时使用，将其放入垃圾桶内后要注意检查是否为完整的垃圾袋。最后将垃圾袋拿到垃圾站时，要注意检查垃圾袋是否封好。

图 2 - 22　垃圾桶

七、拖把

拖把(见图2-23)用于清洁地面。在使用时要保证拖把干净;在将地面拖干净后,应立即使用干拖把将地上的明显水渍吸干。

图2-23　拖把

小贴士

需要将客厅、卫生间、厨房的拖把分开,不能混用。

八、拖桶

拖桶(见图2-24)是用来清洗拖把的。将需要清洗的拖把放入拖桶内进行清洗,然后再将其放入漏网内甩干,再拖洗地板。同时,注意在洗涮拖把时要勤换水,也要轻轻涮洗,避免将过多的水渍甩出桶外。

图2-24　拖桶

九、玻璃刷

玻璃刷(见图2-25)用于清洗玻璃。一般用玻璃刷带有海绵的一头蘸取清洁剂来清洗玻璃,然后用干净的软布将玻璃擦干净。在使用过程中要注意用力均匀,不能用力过度以免将玻璃刮花,用完后也要用清水将玻璃刷清洁干净,以备下次使用。

图2-25 玻璃刷

十、厕所刷

厕所刷(见图2-26)主要是用来清洗马桶的。在马桶内倒入清洁剂后停留3～5分钟,然后再用厕所刷将马桶里外仔细刷洗,刷洗完后冲水,将马桶清洗干净。要注意厕所刷只能用于马桶清洁,不能用于其他地方的卫生打扫。

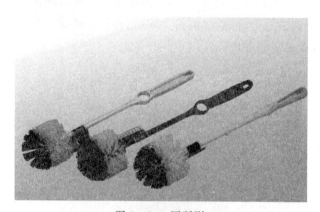

图2-26 厕所刷

 小贴士

厕所刷在使用过程中要避免将污水溅到各处,用完后再将厕所刷清洁消毒。

十一、吸尘器

吸尘器(见图 2 - 27)可用于收集细小杂物,用时可参照各款吸尘器的使用说明书。但要注意:拒绝让吸尘器沾水,也不能用吸尘器清洁硬物和铁制物品,以免将吸尘器的吸尘袋损伤。每次用完吸尘器都要将其清理干净,并放回原位。

图 2 - 27　吸尘器

学习单元三　家居除湿、防虫霉基础知识

学习目标

➢ 熟练掌握基本防霉技巧。

➢ 熟知厨房、浴室基本防霉技巧。

➢ 熟知衣物基本防霉技巧。

知识要求

宁波春季潮湿阴冷,在此季节衣物难干、墙壁潮湿,面对这样的气候条件,为了家居环境和人的身心健康,作为家务助理员必须掌握除湿、防虫霉的基本知识和技巧。

一、家居除湿

1. 干燥剂除湿

家具在除湿方面有专门工具,最常见的为专门干燥剂,主要是超市随处可见的除湿盒和除湿包。这两种干燥剂可以放在客厅、卧室等日常生活空间,起到除湿作用。

（1）除湿盒（见图 2 - 28）

除湿盒内的主要成分为氯化钠，一般放置于衣柜、鞋柜内，具有除湿、抗霉菌及保持清香等作用，使用方法为将其包装袋打开，直接放入柜内即可。

图 2 - 28　除湿盒

除湿盒可用之处有很多：衣柜、书柜、收纳箱等家具用品内都可以放置除湿盒，以保持衣服、书籍、资料的干燥，预防霉菌和霉斑；可将收纳盒放在实木家具靠墙部分，距离墙面 1cm 左右，以免吸收过多的湿气。

小贴士

注意不要将其倒置；如果不慎发生泄漏，可用小苏打水擦拭；底部若有结晶固化现象，可倒入热水溶解，静放 10 分钟便可倒出。

（2）除湿包（见图 2 - 29）

图 2 - 29　除湿包

除湿包里放置的是能够吸收水分的吸水树脂，也有竹炭包。其适用范围广泛，除去衣柜、鞋柜外，还可以用于皮具、相机、电脑等器材盒子的除湿。使用方法和除湿盒相同。

如果家庭中有人爱喝咖啡，还可以将废弃的咖啡渣利用起来，将咖啡渣用纱布包起来放到需要除湿的地方，就是一种除湿防臭的除湿包。

小贴士

不能用力挤压或揉捏；不能用微波炉或火炉烘烤；将其放置在小孩子触及不到的地方。

（3）洗衣粉（见图2-30）

图2-30 洗衣粉

洗衣粉也是非常好用的除湿剂之一，主要用于卫生间除湿。可将新盒装洗衣粉打开包装，在封口处套上一个戳有小洞的塑料袋进行除湿工作；也可将洗衣粉倒入用过的除湿盒中，放到需要除湿的角落。当然，不用担心洗衣粉的使用问题，洗衣粉吸收水分结块后仍然可用于清洗衣物，并不会造成洗衣粉的浪费。

（4）苏打粉

厨房为食材存放的地方，其除湿更为重要。为了避免蟑螂等虫害和食材因潮湿而溃烂，可以选择用厨房必备品——苏打粉来进行厨房除湿。

2. 技巧除湿

借助于专门的干燥剂可以使家居除湿的过程中保持清香无异味，但是除湿工作不能完全借助于干燥剂，也要学会开窗通风等技巧除湿的方法。

（1）通风

早晨和晚上空气湿度是最大的，要及时将窗户关闭，而中午是阳光最好、温度最高的时候，这时候要适时进行开窗通风（见图2-31），以达到除湿防潮的目的。同时卫生间作为家庭的特殊空间更加要注重开窗通风。防潮除湿方法和人们的生活经验紧密相关，需要家务助理员有丰富的生活经验和对天气的正确把握。

图2-31 通风

（2）保持室内干燥

在雨季期间，要保证家中地面没有明显水渍；下雨时也要注意密封好家中的门窗；室外湿度大时不开窗。保持室内干燥和通风有着相同之处，都和人们的生活经验息息相关。

（3）定期清洁护理

因为雨季家中家具、洁具和各种器具都容易潮湿和发霉，所以一定要进行定期清洁护理，这样才能够保证各类器具不会潮湿、发霉或产生锈迹。在定期护理、去除污渍时可以选择牙膏和牙刷，它们能够保护器具上的保护膜，有效防止器具发生霉变。

同时室内除湿还要注意：不要在雨天进行家居清洁，避免潮气浸入；进行鞋柜清理时可以放入一些废旧报纸，以保证鞋子不变形的同时还能达到除湿的效果；厨房餐具洗过后要用干抹布擦抹干再放入橱柜。

3. 家电除湿

南方的春雨、梅雨时节，湿气较大，有时过度的潮湿让人难以忍受，这时我们就需要借助于家电进行除湿了。

（1）空调（见图 2-32）

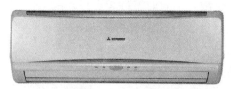

图 2-32　空调

空调基本都有除湿功能，同时现在基本家家都有空调，因此这是最便捷的除湿法。具体操作要严格按照电器使用说明书进行。不过要注意的是，独立除湿更适合于阴冷低温的天气，且空调的独立除湿模式除湿慢、除湿量也小，在家居生活中并不能完全由空调除湿。

（2）暖风机（见图 2-33）

立式使用　　卧式使用

图 2-33　暖风机

使用暖风机为最经济的除湿法。暖风机不仅可除湿，还有利于通风。具体操作要严格按照电器使用说明书进行。

（3）抽湿机（见图 2 - 34）

图 2 - 34　抽湿机

使用抽湿机为最有效的除湿法。具体操作要严格按照电器使用说明书进行。

二、防霉、防虫技巧及处理

1. 基本的防霉技巧

（1）要经常进行家居器具的擦拭（见图 2 - 35），尤其是在容易发霉的季节更要用干毛巾经常对家居器具进行擦拭。

图 2 - 35　擦拭

（2）衣柜内衣物等东西要进行经常性的晾晒，不将没有完全干透的衣物放进衣柜内。

（3）干燥剂的使用，放置些固体香味剂、干花香包、竹炭包或干茶叶包等除湿防霉物品。

（4）还可以往衣柜内放置一块肥皂，就不会存在霉味。

2. 厨房、浴室防霉

厨房、浴室水汽最多，是最容易产生霉菌的地方。其基本的防霉方法就是保持通风干燥。同时，由于现代家庭墙壁多为瓷砖，我们可以在厨房和浴室的瓷砖缝隙内用刷子刷些防水剂，这样不仅能够防止瓷砖渗水还可以防止霉菌生长。

3. 衣物防霉

梅雨天衣物长时间保持潮湿状态，很容易发生霉变。如果衣物的领口、袖口等地方

没有完全清洗干净,容易为细菌繁殖创造条件,使衣服产生霉变,所以衣物防霉要将衣物清洗干净。有条件的家庭可以使用烘干机使衣物在洗涮之后立即保持干燥,如果没有烘干机也需要将衣物完全晾晒干燥后再行挂起。同时要在衣柜内放置防潮剂,尽量少打开衣柜门,以防止吸湿性较强的丝、绵等衣物发生霉变。同时也可以在衣柜底部放置些报纸,因为报纸能够吸收湿气,可以达到防霉效果;同时报纸的油墨味道还可以达到驱虫效果。

4. 衣物起霉处理方法

衣物防霉并不能保证衣物一定不会发霉,如果衣物已经发霉了,作为家务助理员也是要进行处理的,我们可以参照以下三种方法:

(1) 衣物长毛后,应当用毛刷蘸清水和少许有氧水将白毛刷去,然后用电熨斗将其熨干,最后将其挂在通风干燥的地方,就能够避免再长毛了。在天气晴朗的时候还应注意将衣物拿出去进行晾晒。

(2) 如果衣服已经有霉味了,可以打盆清水,然后放入两勺白醋和半袋牛奶,将已发霉的衣物放入水中,浸泡 10 分钟后将衣物用清水冲洗干净,霉味基本就会消失。

(3) 如果时间很紧,又必须穿已有霉味的衣物,可以使用吹风机去除霉味:将发霉衣物用衣架挂起来,然后将吹风机调至冷风挡,对着衣物吹 10～15 分钟,霉味也会减少甚至消失。

第二节　客厅、卧室保洁

学习单元一　不同材质家居的基本知识及清洁守则

 学习目标

➤ 能初步了解不同材质家居的基本知识。

➤ 能根据不同材质家居基本知识识别家居材质和种类。

➤ 了解家居保洁人员清洁基本守则。

📚 知识要求

一、不同材质家居的基本知识

1. 布艺

布艺有很多种,主要包括棉布、麻布、丝布、涤纶等。布艺在家居中主要用于沙发、

地毯、窗帘、床品等(见图 2-36)。布艺家居特征也是多变的,它可以素净典雅,也可以无比高贵。布艺家居的最大特点就是方便清洗,但相较于其他材质,布艺更容易沾染灰尘和脏物,而且还容易吸潮。如果不常清洁,布艺家居可能会滋生霉菌、螨虫,污染居室环境,影响健康。

图 2-36　布艺

2. 皮革

皮革是经脱毛和鞣制等物理、化学加工所得到的已经变性不易腐烂的动物皮。"真皮"在皮革制品市场上是常见的字眼,是人们为了区别合成革而对天然皮革的一种习惯叫法,真皮具有柔软、细腻、光滑、润泽、不沾粘、冬热夏凉、防水、寿命长等优点。由皮革制成的家居(见图 2-37)需要定期保养,因为皮革本身的天然油脂会随着时间愈久或使用次数增多而逐渐减少。皮革吸附力强,易沾染灰尘,且表面易受损伤。

图 2-37　皮革

3. 藤艺

藤是一种天然材料,密实坚固又轻巧坚韧,不怕挤压,柔顺而有弹性。藤艺家居小到盒子、灯具,大到床、桌子、沙发等(见图 2-38)。其色彩雅致,风格清新质朴,融入了现代高超的设计艺术后,具有轻巧耐用、流线性强、雅致古朴的优点,特别是它们所张扬的生命力,为整个家居营造出一种朴素的自然气息,但其具有怕高温和不易清洁的缺点。

图 2-38　藤艺

4. 木质

木是一种天然材质。木质在家居中常见于门、地板、家具等(见图 2-39),主要有人工合成板和实木。人工合成板家具属于中低档次,是常见的家居品种;实木家居属于中高档次,又分为有漆实木和无漆实木,其中无漆实木的档次高于有漆实木。实木的种类也非常多,比如柞木、水曲柳、柚木、橡木、紫檀木等。木材的侵透性和吸收性较好,容易蛀虫、犯潮、发霉及干裂,因此,在日常清洁和养护中还要做好防虫、防潮、防霉措施。

图 2-39　木质家居

5. 石材

石材(见图 2-40)可分为天然石材和人工石材(又名人造石)两大类,目前市场上常见的石材主要有大理石、花岗岩、水磨石、合成石四种,前两种是天然石材,后两种属于人工石材。石材是建筑装饰材料中的高档产品,天然石材分为花岗岩、大理石、砂岩、石灰岩、火山岩等,天然石材具有很高的抗压强度、良好的耐磨性和耐久性,且耐火、耐冻。

图 2-40　石材

6. 金属

金属家具指的是以金属为主要构成材料的家具,如门窗、桌椅、床和衣架等(见图2-41),材质多为钢材、铝型材、铁等。金属家居结实耐用,价格适中,但表面处理的持久性不如其他种类的家居。金属家居易受潮生锈斑,且怕磕碰和划伤表面保护层。因此,不要把金属家具放在潮湿的角落,应放在干燥、通风之处,以防锈蚀,还要避免磕碰和划伤表面保护层。

图2-41　金属家具

7. 陶瓷

陶瓷是一种工业产品,家居中的陶瓷品主要包括餐具、茶具、花瓶等陈设品(见图2-42),以及墙砖和马桶等卫生洁具。陶瓷工艺美观,但易碎,因此在清洁时应该小心谨慎,轻拿轻放。

图2-42　陶瓷

二、家居清洁基本守则

家居保洁人员要高效、快捷地完成室内清洁工作,必须遵守以下基本守则。

1. 必须清楚掌握家居中各种物品的材质,针对不同材质的物品采用不同的清洁方法,选用适合的清洁剂和清洁工具。

2. 必须掌握好各种清洁工具的使用方法和用途。

3. 严格遵守清洁细则:

(1) 湿的抹布和拖把拖布头应保持微湿,不滴水也拧不出水;干的抹布和拖把拖布头要保持干燥不潮湿。

(2) 干、湿抹布应分别装在两只衣袋里,或分别拿在两只手上,被污染的抹布应立即更换。

(3) 清洁完毕,应及时将抹布和拖把的拖布头清洁干净并晾晒干,以待下次使用。

(4) 清洁顺序为从左到右、从前到后、从里到外、从高到低、从上到下、由角边到中间,不得遗漏死角和摆放物下的空间,可移动的摆放物应先移动再拖。

学习单元二　客厅、卧室基本清洁和防潮防霉技术

学习目标

➤ 能够做好客厅、卧室清洁前的准备工作。

➤ 掌握具体的日常清洁工作方法。

➤ 掌握各种材质地板、地毯清洁和防潮方法。

➤ 掌握各种材质沙发、家具清洁和防潮方法。

➤ 掌握各种材质门窗、窗帘清洁和防潮方法。

➤ 掌握各种材质天花板、墙面清洁和防潮方法。

➤ 掌握各种材质灯具清洁方法。

➤ 掌握床品清洁及防潮方法。

➤ 掌握各种装饰品清洁方法。

知识要求

一、客厅、卧室清洁的一般程序

1. 准备工作

(1) 明确清洁任务。家居保洁人员在清洁工作之前,必须明确工作任务。比如地面和地毯等家具类型、材质多样,应做到因材施工、有的放矢。

(2) 准备清洁工具及用品。每种家具都有不同的材质,且每种家具的受污情况和程度也不同,因此要选择合适的工具及清洁用品,这样才能省时省力、高效便捷地完成清洁工作。一般常用的清洁工具及用品有抹布、百洁布、扫帚、板刷、拖把、水桶、吸尘器、去污粉、清洁剂等。

2. 具体日常清洁工作

(1) 开启窗帘

每天搞房间卫生时,必须先开启窗帘(见图 2-43),检查窗帘是否有掉钩、脱轨或破损现象,手拉或电动窗帘是否灵便好用。

图 2 - 43　开启窗帘

（2）清理烟碟（缸）

把烟碟（缸）（见图 2 - 44）的烟头、烟灰倒在垃圾桶内，清洗干净。绝不能将烟碟（缸）里的脏物倒进马桶内，以防堵塞。倒烟碟（缸）时一定要查看烟头是否熄灭，未熄灭的必须及时处理，防止烟头起火。

图 2 - 44　烟碟

（3）清理垃圾篓

现在的垃圾篓（见图 2 - 45）一般都采用防火材料制成，里面可套一个塑料垃圾袋。清理时，应直接把小垃圾袋取出来，并注意里面是否有危险物品，做到妥善处理。

图 2 - 45　垃圾篓

（4）整理床铺

整理床铺（见图 2 - 46）时，要做到整洁清爽。如果需要更换床单、被套等用品，应先将干净的床单、被套等放在椅子上，将用过的床单、被套从床上撤下，再换上干净的床单，套上被套，把床铺好。

图 2-46　整理床铺

（5）擦拭除尘

整理好床铺后，开始擦拭除尘。擦拭时应按顺时针或逆时针方向从房门做起，这样既迅速又不漏项，每擦拭一件家具，就随之检查一遍。

二、客厅、卧室基本清洁和防潮防霉技术

1. 地板、地毯清洁及防潮防霉基本方法

（1）地板

①地板砖

地板砖（见图 2-47）的吸水性能较差，但较易清洁。具体清洁步骤如下：

图 2-47　地板砖

步骤一：用扫帚将表面大颗粒污物清扫干净。

步骤二：用半湿的拖把按照从左到右、由前到后的顺序用力擦地，不得遗漏死角和摆放物下的空间。可移动的摆放物，应移动后再清洁。每次拖约 $6m^2$，应清洗拖把；每次拖约 $16m^2$ 应更换清水。用拖把拖地时，拖布不能提得太高，甩的幅度不能太大，反复擦拭直至清洁。清洁完毕，拖布应放入水桶中拎走，不得悬空提走。清洁完毕，及时清洗拖把头，晾干待用。

步骤三：用干拖把或干抹布吸干地面。

小贴士

如有污迹,应马上用一块软布蘸些普通的清洁剂反复擦拭,即可除去。

②水磨石(见图2-48)

图2-48 水磨石

清洗方法和步骤同地板砖。但水磨石防侵蚀、防污性差,一旦发现水磨石表层被挥发性的化学品侵蚀,则可用火碱水(用热水稀释60倍)涂在污迹处擦拭,最后用清水刷净。如果表面沾了污迹,马上用稀释后清洁剂反复擦拭地板,即可去除污迹。忌用苏打粉或肥皂等来清洗。

③PVC塑料地板(见图2-49)

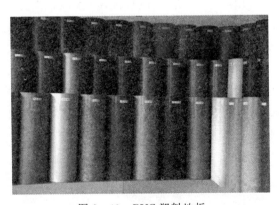

图2-49 PVC塑料地板

由于PVC塑料地板耐磨、耐腐蚀、吸水性差,清洁时要注意以下两点:第一,由于水分和清洁剂容易与胶起化学作用,使地板面翘起或脱胶,在拖地时避免大量的水(如水拖),尤其是热水、碱水;第二,避免金属工具和尖锐器具的冲击和刻划,也不要穿有钉子的鞋子踏塑料地板。具体清洁步骤如下:

步骤一：吸尘器吸。

步骤二：地板清洁上光剂按 1∶20 兑水稀释,进行拖地。

步骤三：上 1～2 层高强面蜡。

 小贴士

特殊污垢的处理：

1. 油污：用抹布蘸稀释好的肥皂水或少量汽油轻轻擦拭,污迹很快就能去除；

2. 胶或口香糖：用专业的强力除胶剂直接倒在抹布上擦拭去除。

④木质地板(见图 2-50)

图 2-50　木质地板

由于木质地板具有怕酸、怕碱、怕水、怕干、怕潮、易燃的特点,因此木质地板清洁较其他材质地板而言相对复杂和困难。在清洁木质地板(见图 2-51)时,遵循以下步骤：

步骤一：用扫帚或吸尘器将地表污物清扫干净。

步骤二：用半干的拖布或抹布,蘸水、煤油或专用地板清洁剂按照从里到外,由角边到中间,由小处到大处,由床下、桌底到居室较大的地面的顺序反复擦拭直至干净。

步骤三：待地板晾干后,用洁净的干布蘸上地板油擦拭,可使地板清洁油亮,光可鉴人。

图 2-51　清洁木质地板

小贴士

梅雨季节要做好木地板防潮工作。在潮热的天气里,地板表面的水汽需要经常用干布吸干,还需要定期打开空调除湿功能进行除湿。室内的通风也需要适时进行,上午的空气湿度处在最高值,不宜开窗,一般选择下午干燥的时候开窗调节。

（2）地毯（见图2-52）

图2-52　地毯

地毯是一种较为高级的地表装饰品,不仅有隔热、保湿、隔音、挡风作用,而且还具有良好的弹性。地毯是地面装饰保养的重点,也是最难清洁保养的装饰材料之一。不同材质的地毯的清洁方式也有所不同。

①化纤地毯（见图2-53）

图2-53　化纤地毯

清洁步骤如下:

步骤一:将扫帚在肥皂水中浸泡后再扫地毯,保持扫帚湿润;

步骤二：撒上细盐，再用扫帚扫；

步骤三：用干抹布擦净。

在有条件的情况下或是清洁长期未清洗过的地毯时，也可以用水洗方法清洁。具体步骤如下：

步骤一：先用吸尘器将大量灰尘或严重受污的区域进行吸尘处理；

步骤二：稀释清洁剂，在地毯上全面喷洒；

步骤三：10～15分钟后，将地毯拿到居室外，挂在绳上用清水直接冲洗干净；

步骤四：待地毯干后，拿进居室铺好。

②纯毛地毯（见图2-54）

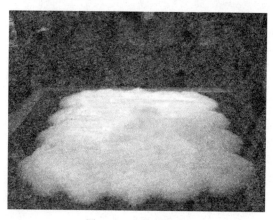

图2-54 纯毛地毯

清洁步骤如下：

步骤一：先用吸尘器全面吸尘，特别是地面上的固体状垃圾和物体需要先清除干净；

步骤二：局部处理，即用专用的清洁剂对地毯上的油渍、果渍、咖啡渍单独进行处理；

步骤三：放在阳光下晒一会，注意将地毯翻过来晒；

步骤四：再挂在绳子上用细棍拍打，将灰尘尽量除去，还可以有效杀菌和除螨。

 小贴士

1. 液体污渍

用吸水能力强的纸或者布吸取液体，将地毯清洗液用温水稀释，用干净的布沾稀释后的地毯清洗液，轻轻拍打被液体浸过的区域。在所有的痕迹都被清洗干净后，彻底吸干水分，再用刷子顺地毯纹理梳理，直至完全变干。

2. 油垢

用钝刀或者抹刀刮掉残渣，然后用干洗剂清洗，最后用吸水性好的布反复擦拭。

3. 鞋油污渍

小心地将鞋油刮掉,然后用干洗剂擦拭。将地毯清洗剂稀释,把干净的抹布沾湿,清洗地毯。最后吸干所有水分,用刷子梳理。

4. 口香糖污渍

用冻结剂使口香糖变硬,抠掉口香糖,再对地毯进行梳理。

5. 烟头烧焦处

可用小刀刮尽焦痕后,采用粘补术补贴。找一块不用的地毯毛剪下,用万能胶把毛粘接在焦处,再压重物,几个小时后就可以牢固了。

2. 沙发清洁及防潮防霉基本方法

(1) 布艺沙发(见图 2－55)

图 2－55　布艺沙发

清洁步骤如下:

步骤一:如有沙发护套,先把护套拆下分开清洗,并询问商家护套是否做过缩水处理;

步骤二:用吸尘器吸净沙发布质面料表面和内部填充物中的尘垢,在用吸尘器时,最好不要使用吸刷,防止织布变得蓬松,更要避免以特大吸力来吸,这样可能会导致织线被扯断;

步骤三:如果沙发上存有污渍,可在脏的地方喷一些专用清洁剂,然后用喷上清洁剂的潮湿抹布,在脏处反复擦拭,直至去掉污渍。

防潮技术:在潮湿的天气里,用风筒轻吹沙发,可除去沙发内的湿气。

 小贴士

清洁布艺沙发时,切勿大量用水擦洗,以免水渗入沙发内层,造成沙发里边框架受潮、变形,沙发布缩水。清洗后,维护也很重要。可找一个日照充足的时间,把毛巾浸湿后拧干,铺在沙发上,再用木棍轻轻敲打,沙发上的尘土就会被吸附在湿毛巾上了。

（2）皮质沙发（见图2-56）

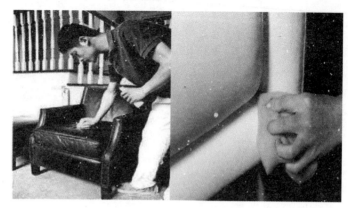

图2-56　皮质沙发

清洁步骤如下：

步骤一：用纯棉布沾湿后轻轻擦拭，将灰尘擦干净；

步骤二：用皮质沙发清洗剂加上95倍的清水稀释，把干净的软布浸湿拧干，在脏的地方轻轻擦拭干净，如果是真皮，清洗液要求更高，最好使用专用的皮质沙发清洗液；

步骤三：用干净的棉布再擦拭一遍。

防潮技术：湿热天气到来之前，应先用柔软的湿抹布除尘，然后在表面擦一层貂油、绵羊油、皮革油等皮质家具专用保护油，不仅可以起到防潮作用，还能保护皮制家具色泽。在潮湿季节，可考虑在真皮沙发中适当放一些干燥剂来保持干燥，以免受潮霉变。

 小贴士

在清洁皮质沙发时切忌使用含酒精和腐蚀性的化学溶液。

（3）木质沙发（见图2-57）

图2-57　木质沙发

清洁步骤如下：

步骤一：用半干的软抹布擦拭表面；

步骤二：用干燥的软抹布轻轻擦拭一遍。

防潮技术：在南方潮湿的春季及雷雨较多的夏季，实木家具的防潮可用干净软布蘸点家具专用清洁剂轻轻抹擦以去除污垢，这类清洁剂可在实木家具表面形成一层保护膜，在一定程度上能阻止水汽渗入木质家具的内部。另外，还可以用吸水纸张贴在实木类家具的表面以达到防潮效果。

 小贴士

　　春季应将实木家具(如木沙发)靠墙部分距离墙面 1cm 左右摆放，以免在潮湿季节吸收墙面过多的湿气。

3.家具、装饰柜的清洁和防潮防霉基本方法

(1) 家具

①藤艺家具(见图 2 - 58)

图 2 - 58　藤艺家具

清洁步骤如下：

步骤一：用干软抹布拂去表面的灰尘，缝隙之间用油漆刷或吸尘器清理；

步骤二：用干净的柔软抹布蘸上淡盐水擦拭，既能去污，又能使其柔韧性保持长久不衰，还有一定的防脆折、防虫蛀作用。

 小贴士

　　不可使用会破坏藤质沙发、桌椅表面的清洁剂或溶剂擦拭，避免用水清洗及直接暴露在阳光下以免失去藤之弹性及光泽。

②实木家具（见图 2-59）

图 2-59 实木家具

清洁步骤如下：

步骤一：用干软布或掸子拂去灰尘；

步骤二：用半干的抹布轻轻地擦拭；

步骤三：用抹布蘸上专业的实木家具护理精油再擦拭一遍，以锁住木质中的水分，防止木质干裂变形，同时滋养木质。

🏅 **小贴士**

　　家居最需防潮的就是木质家具了，由于原木家具本身具有自动调节湿度的功能，所以不建议经常除湿，通常一个月除湿一次即可。但若住家附近属于潮湿地区，则除湿的间隔与次数就应增加，以免家具发霉。另外，在实木家具未出现凝水或霉点的情况下，平日可以在家具内部放干燥剂一类的防潮包做防潮处理。外部则用干毛巾擦拭干净后，擦一层核桃油隔湿（见图 2-60）。

图 2-60 实木家具防潮

（2）装饰柜（见图 2-61）

①人造石装饰柜切忌用硬质百洁布、化学制剂擦拭或钢刷磨洗，要用软毛巾、软百洁布带水擦拭或用光亮剂擦拭，否则会造成刮痕或侵蚀；

②天然石台面宜用软百洁布,不能用甲苯类清洁剂擦拭,否则难以清除花白斑;

图2-61　装饰柜

③原木装饰柜,应先用掸子把灰尘清除干净,再以干布及原木保养专用乳液来擦拭,切勿使用湿抹布及油类清洁剂。

4.门窗、窗帘的清洁和防潮防霉基本方法

(1)门

①实木门(见图2-62)

图2-62　实木门

清除木门表面污迹时,要用软棉布擦拭,污迹太重时,可使用中性清洁剂、牙膏或家具专用清洁剂,去污迹后再擦干。

 小贴士

浸过中性试剂或有水分的布不要在木门上长时间放置,否则会侵害表面,使表面、饰面材料变色或剥离;木门的棱角处不要过多摩擦,否则会造成棱角油漆脱落。

②钢木门(见图2-63)

图2-63　钢木门

清洁方法同实木门。

③不锈钢门(见图2-64)

图2-64　不锈钢门

可用肥皂、弱洗涤剂或温水清洗表面的灰尘和污垢物；表面的商标、贴膜,用温水、弱洗涤剂来洗；黏结剂成分使用酒精或有机溶剂(乙醚、苯)擦洗；表面的油脂污染,可先用柔软的布擦干净,然后用中性洗涤剂或用专用洗涤剂清洗；由于表面污物引起的锈,可用10％硝酸溶液或研磨洗涤剂清洗,也可用专门的洗涤药品清洗。

(2)窗

①木窗(见图2-65)

图2-65　木窗

清洁木窗时用干净的湿润软布擦拭去尘,不要用干布擦拭。如有污渍,可用湿润的软布沾稀释过的中性清洁剂擦拭或用绘图橡皮擦擦净,忌用碱水洗刷。清洁干净后最好用专用家具蜡保养。

②塑钢窗

图 2-66　塑钢窗

塑钢窗耐酸碱,可用肥皂水等普通洗涤剂保洁,但是塑料门窗表面不耐摩擦,特别注意不要划伤,不要沾上汽油、香蕉水等溶液。还要防止沸水淋洒和接触高温变形。在清洁过程中推拉门窗的底框,均不能用脚踩或用刀、锤等硬物打击。

③铝合金窗(见图 2-67)

图 2-67　铝合金窗

铝合金窗可用软布蘸清水或中性洗涤剂擦拭,不能用普通肥皂或洗衣粉,更不能用去污粉、洗厕精等强酸碱的清洁剂。

④纱窗(见图 2-68)

图 2-68　纱窗

清洁纱窗的时候，首先，要将纱窗拆除下来。把拆下来的纱窗放在浴缸里面，用软水管或花洒轻轻地冲洗，以清除粘在上面的蜘蛛网、灰尘和其他污物。其次，用水桶装一些肥皂水，用短毛刷子浸上肥皂水，在纱窗上轻柔地打圈刷洗。最后，用软水管或花洒把肥皂清洗干净，然后等待风干。

🏵 小贴士

将洗衣粉、吸烟剩下的烟头一起放在水里，待溶解后，拿来擦除玻璃窗、纱窗上的油腻，效果不错。

⑤窗户玻璃（见图2-69）

图2-69　窗户玻璃

窗户玻璃可用沾有醋水的抹布简单擦拭清洁。如果窗户沾满油污，可首先将玻璃全面喷上清洁剂，再贴上保鲜膜，使凝固的油渍软化，过10分钟后，撕去保鲜膜，再以湿布擦拭干净即可。

有花纹的毛玻璃一旦脏了，可用沾有清洁剂的牙刷，顺着图样打圈擦拭，同时在牙刷的下面放条抹布，以防止污水滴落。另外，当玻璃被顽皮的孩子贴上了不干胶贴纸时，可用刀片将贴纸小心刮除，再用指甲油的去光水擦拭，就可全部去除了。

⑥窗五金件（见图2-70）

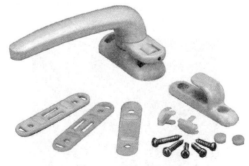

图2-70　窗五金件

五金件是窗户的非常重要的部件,如果因五金件不及时清洁干净,导致生锈等情况,就会严重影响窗户的正常开合使用。因此平时就需要注意清洁养护,保持五金件的清洁和光亮。日常可用软布擦拭去尘,对于死角,可借助小刷子或者牙签等工具进行清洁。

 小贴士

对于金属材质的斑点,要及时处理。在潮湿天最好用干燥的抹布进行擦拭,吸收多余水分,也可在附近放置吸湿包进行除湿。

（3）窗帘
①绒布窗帘（见图 2-71）

图 2-71　绒布窗帘

作为吸尘力较强的绒布窗帘,在拆卸之后应先用手将窗帘抖一抖,减少附着在绒布表面的尘土,然后放入具有清洁剂的水中浸泡 15 分钟左右。绒布窗帘宜用手洗,洗净之后最好不要用力拧干,让水分自然滴干为最佳。
②花边窗帘（见图 2-72）

图 2-72　花边窗帘

在一般情况下,饰有花边样式的窗帘也不适合用力清洗,在清洗前可用柔软的毛刷轻轻扫过,将附着在表面的灰尘去除。

③软百叶窗帘(见图2-73)

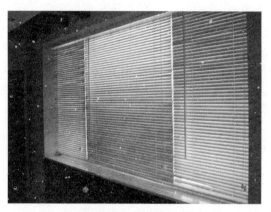

图2-73 软百叶窗帘

软百叶窗帘是目前家庭中使用较多的一种窗帘。清洗前先把窗关好,在其表面喷洒适量清水或擦光剂,然后用抹布擦干,即可使窗帘保持较长时间的清洁光亮。窗帘的拉绳处,可用一把柔软的毛刷轻轻擦拭。如果窗帘较脏,则可以用抹布蘸些溶有洗涤剂的温水清洗。

④卷帘窗帘(见图2-74)

图2-74 卷帘窗帘

清洗卷帘窗帘时,可以在卷帘上蘸洗涤剂清洗,但在清洗时要注意四周容易吸灰尘的部位,若灰尘太多则可用软刷将灰尘去除,再用清水擦拭清洗。

5.灯具的清洁和防潮防霉基本方法

(1)落地灯等灯具清洁(见图2-75)

步骤一:准备螺丝刀、抹布、胶桶以及清洁剂(稀释的食用醋)等工具。

步骤二:关闭电源,将低处的螺旋口灯泡轻轻拧下,然后把灯口用不漏气的食品塑料袋罩上,用皮筋将口子扎紧(这一措施可以防止水洗时灯口进水发生漏电事故)。

图 2-75 家居常见灯具

步骤三：在小喷壶中用一啤酒瓶盖的厨用洗洁精与 500mL 清水配成清洁剂，摇匀，先用溶有清洁剂的水把灯泡喷一遍，放置 5 分钟，然后换上清水再喷两遍。高处的灯则可借助梯子，仰头擦拭时要使用顺手的工具，比如用浅色棉袜或双层搓澡巾翻过来套在手上，就可以很方便地擦拭。

步骤四：用软布擦干，重新装好。

 小贴士

清洁灯具有两大原则要牢记：一是要事先切断电源，二是刚用过的灯泡要自然冷却到室温才能清洁。

（2）灯罩清洁

根据灯罩材质的不同，也有不同的清洁方法。

①布质灯罩（见图 2-76）

可以先用小吸尘器把表面灰尘吸走，然后倒一些洗洁精或者家具专用洗涤剂在抹布上，边擦边移动抹布的位置。若灯罩内侧是纸质材料，应避免直接使用洗涤剂，以防破损。

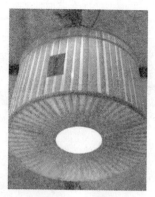

图2-76 布质灯罩

②树脂类灯罩

可用化纤掸子或专用掸子进行清洁。清洁后应喷上防静电喷雾,因为树脂材料易产生静电。

③水晶串珠类灯罩(见图2-77)

这类灯罩做工细致精美,但清洁很麻烦。如果灯罩由水晶串珠和金属制成,可直接用中性洗涤剂清洁。清洁后,把表面的水擦干,再让其自然阴干。

对金属灯座上的污垢,应先把表面灰尘擦掉后,再在棉布上挤一点牙膏进行擦洗。

图2-77 水晶串珠灯罩

 小贴士

水晶串珠是用线串成的,最好不把线弄湿,可用软布蘸中性洗涤剂擦洗。

6.墙壁、天花板的清洁和防潮防霉基本方法

现在用于家居墙面装修的材料越来越多,尤其是在背景墙的装修上,每个家庭用到的墙面装修材料也不同。因此,在这里,我们主要看比较普遍的墙面清洁、修复方法。家居墙面装修一般用到的材料有三种,包括涂料墙面、壁纸墙面以及墙砖墙面。墙砖和

地砖的清洁方法类似,地砖的清洁在前文已提及,就不再赘述。

（1）墙壁

①涂料墙面清洁（见图2-78）

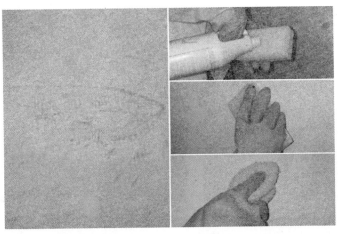

图2-78 涂料墙面清洁

涂料墙面污渍清洁：对于墙面上的水渍、饮料渍等的清洁,我们需要先准备好百洁布、清洁布和清洁剂,在百洁布的粗糙面上倒一些清洁剂,然后以顺时针方向擦拭墙壁上的污渍,最后用干的清洁布擦干,一般这样就可清洁干净。

涂料墙面霉菌清洁：遇到墙面长了霉斑的情况,可以用洗衣用的漂白水,用湿布蘸着擦即可。这样清洁不仅能有效清除表面霉斑,还有消毒的作用,但只适用于白墙,有颜色或者有艺术效果的漆面墙应避免使用。除了漂白水以外,还可以使用专业的墙体霉菌清除剂,一般在超市都能够买到。将清洁剂摇匀后用普通气压喷壶按照说明书的要求兑水,对着发霉的墙面喷涂,大约30分钟后,霉菌会自然分解。这些清除剂适用于各种颜色的墙面,但价格相对较高。

②壁纸墙面清洁（见图2-79）

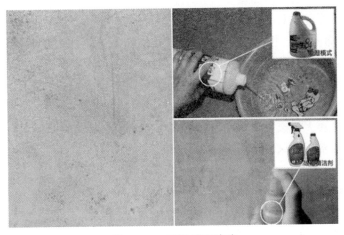

图2-79 壁纸墙面清洁

壁纸墙面污渍清洁：若壁纸墙面上出现灰尘，可用吸尘器对墙纸表面灰尘进行吸除；如果有一般污渍，可以用湿抹布蘸上洗涤液进行护理；如果啤酒、饮料等液体溅到壁纸上，可以用喷雾器将清洁剂喷到污渍处，用抹布不停地转圈摩擦，污渍就会慢慢消失。

壁纸墙面霉菌清洁：对付壁纸霉变，可先用干布擦一下墙面，再将巴氏消毒液半瓶盖加入4纸杯水，或者使用经过稀释的专业的壁纸清洁剂，调配均匀后，擦拭有霉斑的墙面。

（2）天花板清洁（见图2-80）

图2-80 天花板清洁

大多数有涂层的天花板、木质天花板和铝塑天花板表面都可以水洗，但是有一些天花板，则需要用特殊的方法来清洁。清洁天花板的时候，注意不要让水流到墙上，在家具和地板上铺些防水布或者报纸来对其进行保护。另外，也可以用海绵拖把来清洁天花板，这样就可以不用梯子了。

①涂层天花板、木质天花板、铝塑天花板

步骤一：将清洁剂或肥皂水在水桶内稀释；

步骤二：用长柄拖把蘸上稀释的洗涤剂在天花板上轻抹直至干净。

②吸声涂层天花板

步骤一：用真空吸尘器的刷子配件或长柄拖把除掉天花板上的脏物；

步骤二：重新喷射吸声涂料。

③装饰性石膏天花板

和平坦的、带有涂层的石膏天花板不同，装饰性石膏天花板是不能清扫的，因为其表面没有涂层，而且纹理很深。如果石膏天花板脏了的话，最好的办法是用真空吸尘器的刷子附件小心地打扫。

7. 床品的清洁和防潮除菌基本方法

床上用品是和人体亲密接触的，清洁与否直接关系到人的健康。对卧室里床品的清洁主要包括床头板和床以及床上用品（被罩、床单、毛毯、毛巾被、席子、枕巾、枕套、蚊帐等）的清洁。

（1）床头板和床（见图2-81）

步骤一：用潮湿的抹布擦一遍，注意不要沾污墙壁。

步骤二：用干布擦一遍。

图 2-81　床

步骤三：擦完后，再看一下床铺是否平整，如不符合要求，应再稍加整理。

如果整个床上灰尘较多，不必移动任何物件，可用洗净的旧腈纶衣物，在床上向一个方向抹擦，由于产生静电，可吸附浮尘，擦净后，将腈纶衣物用水洗净晾干以备下次使用。

（2）被罩、床单（见图 2-82）

图 2-82　被罩、床单

步骤一：先抖一抖，清除毛发和灰尘。

步骤二：把脏处用手洗一遍再放入洗衣机中清洗。若要漂白，可在洗衣机中加入漂白剂浸泡 15 分钟左右。

步骤三：如果需要增白，可先配置好荧光增白液，待被罩、床单洗过后，即可放入盆中增白。增白处理后必须阴干。

步骤四：未经增白处理过的被罩和床单应在阳光下暴晒。

收存夏天的凉被前，最好把凉被放在阳光下暴晒，去除凉被中的湿气并掸掉灰尘。收存时，可在凉被内侧夹几张报纸，以吸取残余湿气，如此，被子既不会发霉，又清爽干净。

（3）毛毯（见图 2-83）

图 2-83 毛毯

若是很大很重的毛毯，去洗衣店干洗较好，具体步骤如下：

步骤一：在温水中加入少量氨水，易去垢；

步骤二：先用刷子蘸上洗涤液把边缘洗干净，因为边缘往往较脏，用湿毛巾擦洗后再拿到洗衣店干洗，才能彻底洗净。

如果选择手洗，则具体步骤如下：

步骤一：先将毛毯在清水中浸透。

步骤二：在洗衣盆中用中性皂片或高级洗衣粉溶成 20 倍左右的淡皂液，将浸透的毛毯轻轻提出、挤去水分后放入皂液中轻轻用手揉压。

步骤三：洗净后，再用清水反复涮洗几遍。如果是纯毛毯，在最后一遍涮洗时，可放入大约 50mL 的白醋，这样可使洗后的毛毯鲜艳如新。

步骤四：漂洗后，将毛毯卷起，轻轻按压，排出水分，再用毛刷将绒毛刷整齐，叠成原来的方块形状。

步骤五：晾晒毛毯最好用两根竹竿平行架起，然后将毛毯搭在上面置于阴凉处慢慢阴干，切忌在阳光下直接暴晒，以防毛毯褪色变形。

步骤六：晾干后的毛毯最好再用刷子刷一遍，以恢复毛毯原有的柔软手感和外观。

（5）毛巾被（见图 2-84）

图 2-84 毛巾被

毛巾被使用时吸汗较多,所以每隔一段时间,要趁有阳光时清洗并晾晒,在清洗时最好在温水中加两三匙氨水浸泡,会更易除垢、除渍。

（6）席子（见图 2-85）

图 2-85　席子

使用席子时,每天起床后,应用湿毛巾擦拭凉席。凉席不用时,用温肥皂水将凉席洗净,再用清水冲净,阴干后卷好,用纸包严,放在干燥通风处,以备来年使用。注意不能在阳光下暴晒,否则席子容易稀松。收藏折叠时,切忌挤压。

（7）枕巾、枕套（见图 2-86）

图 2-86　枕巾、枕套

枕巾和枕套在使用中出现大片污渍时,应用氨水稀释 10 倍,把枕巾和枕套浸没过水,即可去除污渍,然后用清水清洗干净;如果在使用中变得越来越硬,则用洗涤剂清洗后再加入食醋清洗,也可用 2%～3% 的食用碱水或洗衣粉溶液浸湿后放入搪瓷盆内在火上煮 15 分钟,取出用清水冲洗,枕巾和枕套就会越来越软。有时为了使之变软,洗好挂起来之后用刷子全部刷向同一个方向,晒干后,再往反方向刷一次就会松软很多。注意不能用肥皂洗,必须用碱性合成洗衣剂。

小贴士

为防治床品中的螨虫,洗涤时最好用 55℃温水或在 55℃下干燥杀虫;床垫、枕头可以经常置于阳光下暴晒杀螨;室内要常打开门窗,保持通风、透光;并经常清洗空调和空气过滤网,注意通风、换气。

(8) 蚊帐(见图 2-87)

图 2-87　蚊帐

清洗蚊帐时,先用清水浸泡几分钟,洗去表面灰尘,再将洗衣粉放入盛有冷水的盆中,将蚊帐放入浸泡 15～20 分钟,用手轻搓。不可用沸水烫。漂洗后挂在通风处晾干。存放时不要将卫生球一同放入。

小贴士

如果蚊帐熏黑了,可用生姜 25g,切成片,煮一盆姜水,将蚊帐浸泡 3 小时后,用手轻轻揉搓,然后用洗衣粉洗涤,清水漂净,即可变白。

8. 常见饰物清洁

常见饰物质地各异、形态不同且易变形,因此在清洁时,要针对各种织物挂饰、金属饰品、瓷制品、塑料制品以及各种字画采用不同的清洁方法。

(1) 织物挂饰(见图 2-88)

图 2-88　织物挂饰

擦洗一般厚重纯棉、纯毛的挂饰不应用水洗,可用吸尘器除尘或干洗,也可以晾在通风处,用棍轻轻敲打除尘。

（2）挂毯（见图 2 - 89）

图 2 - 89　挂毯

清洁挂毯时,可先用吸尘器吸去浮尘,或垫一层湿毛巾,用木棍敲打,让毛巾吸去浮尘。然后用乙醚小心地擦拭表面,挂毯的色彩就会变得鲜艳。

（3）勾编饰物（见图 2 - 90）

图 2 - 90　勾编饰物

台布、沙发装饰用的勾编织物在清洗时可先在清水中轻揉一遍,去净浮尘后,放入加有少许小苏打的温水中洗一下,再在加有增白皂的水中轻揉,最后用清水漂净,上浆后平铺在干净的桌面上并使其形成原状;尼龙勾编织物洗涤时,在用清水漂净浮尘后,可用中性皂片揉洗,再用清水漂净后用洗衣机甩干即可。

（4）金属饰品（见图 2－91）

图 2－91　金属饰品

　　一般可用软布擦去灰尘，如果特别脏，可用湿布蘸少量洗涤剂擦拭，如果金属饰品有锈迹，可用细砂纸轻轻磨去锈迹再进行清洗。

 小贴士

　　金属画框、镜框要经常用棉花球蘸稀释醋溶液轻轻擦拭，可使画框保持光泽；金饰品可用稀盐酸或碱，也可用盐和醋混合作为清洁剂，用软毛牙刷蘸着洗刷，可迅速恢复明亮，并且维持较久；银器上的霉斑，可用软布蘸温热的食醋擦拭，然后用水清洗干净，就可以去除；铜器上的铜锈，可直接用干净的布浸蘸食醋，再加点盐擦拭，或用一片柠檬皮蘸食盐即可擦去铜器上的污垢。

（5）瓷制品（见图 2－92）

图 2－92　瓷制品

一般的瓷制品都不怕水,可用潮湿的布擦拭,小件的可直接用水冲洗。如果积有污垢,可用醋和盐混合来洗。对于瓷器缝隙内的尘污,用一支漆刷蘸取氢氧化钠(即火碱水),伸入缝隙处洗刷干净,再过水清洗即可。注意,对瓷制品要轻拿轻放,以免损坏。

 小贴士

瓷器污垢可用榨去汁的柠檬皮,用一小碗温水浸泡,一起倒入器皿中,放置4～5小时,就可除去。

(6) 塑料制品(见图2-93)

图2-93　塑料制品

塑料制品一般不怕水,用湿布擦拭、用清水直接冲洗,或用刷子刷洗均可。如果塑料饰品渐渐发黄,可以将厨房专用漂白剂稀释,再将塑料制品浸于其中一会,就会变得亮丽如新,最后用清水冲洗即可。注意,不能用汽油、酒精、酸碱溶液清洗塑料制品。

(7) 字画(见图2-94)

图2-94　字画

清洁悬挂在墙壁上的字画时,用掸子轻轻拂去表面灰尘即可。如果油画上有污迹并且很明显,可用软布蘸上油画专用清洁剂擦拭,若油画颜色显得暗淡,只需置于阴凉通风处晾干就可使颜色恢复鲜亮。如果是壁画,可先用湿布擦拭一遍再用干布擦净即可。

（8）石膏像（见图 2 - 95）

图 2 - 95　石膏像

石膏像表面经常有灰尘,要先用干布擦去表面的浮尘,然后用软刷子蘸肥皂水反复擦拭,到洁净为止。如果表面污垢太重,可以先用细砂纸稍稍打磨,也可将淀粉加热水制成糊状,趁热用毛刷涂在石膏像上,然后慢慢阴干,等糨糊变硬后再剥下,即可去尘。

（9）象牙制品（见图 2 - 96）

图 2 - 96　象牙制品

可用棉球蘸牙膏擦拭,擦拭时顺着象牙的纹路方向进行,擦拭后再用干净的棉球蘸清水挤干,将饰品反复再擦几遍,将牙膏残余除尽,便可除去象牙上的污渍。为避免象牙出现裂纹,可用松节油涂抹一遍。

（10）工艺花卉（见图 2 - 97）

图 2 - 97　工艺花卉

　　人造花如塑料花、绢花、尼龙花等用洗衣机清洁既快又方便。洗衣桶内加适量的清水和洗涤剂,手握住花枝,把花浸在洗衣桶内,采用双向水流,洗涤1～2分钟即可使花恢复鲜艳。对于白色绢花,要用草酸溶液洗。绢花上的污渍,可用毛笔蘸汽油刷拭。

　　(11)奖杯(见图2-98)

图2-98　奖杯

　　可先用一块法兰绒布蘸苏打水擦拭奖杯,再用布擦干,就可将污垢清除,使其闪闪发亮。而且苏打水跟金属亮光剂不同,不会伤害皮肤。

　　(12)洋娃娃(见图2-99)

图2-99　洋娃娃

　　当洋娃娃粘有污垢时,可用软布蘸中性洗涤剂或汽油擦拭,也可用去污膏涂抹,再过清水并擦干。如果要毛质保持柔软,则勿水洗。如果玩具是给小朋友玩的,则用煤油擦拭、清理会比较安全。

　　(13)绿色植物(见图2-100)

图2-100　绿色植物

清洁室内绿色植物叶面灰尘时,可用一只手平托叶子背面,另一只手用海绵或抹布蘸水轻擦叶子正面,便会使绿色植物变得鲜亮青翠。

9. 室内空气

在对上述家居用品等清洁之后,还要经常对客厅和卧室的空气进行净化和保洁。如果室内香烟味浓重,可用毛巾或绒布蘸上一些香醋,放置在室内;或点燃几支蜡烛,也能除烟味。如果卧室由于通风不畅有异味,可在灯泡上滴几滴香水或花露水,开灯后便会自动散发香味,使室内清香扑鼻;或在房间里放一个盛有开水的器皿,然后把一小勺松节油缓缓倒入开水中,房间也会充满松树的清香味。如果因新家具,室内油漆味浓重时,在室内放 2~3 盆冷盐水,异味即可除掉;或在室内放一盘醋,也能驱逐漆味;或将洋葱切碎放入水盆里泡也能起到除去油漆味的效果。

学习单元三　客厅、卧室保洁小妙招

学习目标

➤ 掌握家居清洁小妙招。
➤ 掌握家居防潮小妙招。

知识要求

除了以上常见的对客厅和卧室的家居物品进行保洁的方法和技巧之外,人们在生活中根据经验总结了很多小妙招,来解决一些在家居保洁过程中比较难以对付的问题,让家务助理员在家居保洁过程中能够轻松、便捷地完成工作。

一、家居清洁小妙招

1. 闲置的润肤霜、乳液之类的东西,扔了可惜,可以用来擦包包(皮质的或者仿皮的都可以),一擦就干净得像新的一样。

2. 用醋擦家里的水龙头、不锈钢水池等,当这些钢制品用的时间长了就变得不够光亮了,用这个办法一擦就很亮了。

3. 用丝袜清理不锈钢用具,省力又清洁,保证光亮如新。

4. 用牙膏和牙刷,刷变黑了的银质物品,会使其变得光亮。

5. 往墙上贴海报,不管是用胶水、糨糊、双面胶还是胶带,都会留下痕迹。想不留痕迹,就挤出花生米大的牙膏(别选有色的)抹在海报的四个角上,使劲一按。日后也能轻而易举地揭开,而且不留痕迹,白色的墙面一点也不会弄脏。

6. 杯子上有茶渍,可以将牙膏抹在茶渍上,用牙刷一刷就洁净如新。

7. 在室内放一盆浸泡了洋葱的冷水可以去除油漆味,刚装修的房子可以放置一些

86

柚子皮,卫生间也可以放,用以去除异味。

8. 夏天擦拭凉席,用滴加了花露水的清水擦拭,可使凉席保持清爽洁净。当然,擦拭时最好沿着凉席纹路进行,以便花露水能渗透到凉席的纹路缝隙中,这样清凉舒适的感觉会更持久。

9. 玻璃上残留有双面胶的胶印时,用纸巾蘸洗甲水,在胶印上一擦,胶印马上消失。

10. 扫地的时候,地上有毛毛球球之类的扫不干净,可将丝袜套在扫帚上用水弄湿再扫地,毛毛球球、浮灰等都会粘在扫帚上,打扫就很干净也很方便。

11. 红木家具上的牌号擦掉后会留下不干胶的残留物,又黏又脏,可用粗橡皮擦去,功效不错,地板上的口香糖也可用橡皮擦去。

12. 过期牛奶擦拭木制家具去污效果非常好,取一块干净抹布在过期的牛奶里浸一下,然后擦抹桌子、柜子等木制家具,记得最后要换干净的湿抹布再擦一遍。油漆后的家具沾染了灰尘,可用湿纱布包裹茶叶渣擦拭或用冷茶水擦洗,会更光洁明亮。

13. 蛋清可以为真皮沙发"美容",用一块干净的绒布蘸些蛋清擦拭真皮沙发,既可去除污迹,又能使皮面光亮如初。

14. 酒精可以清洗毛绒沙发,如果家里的布艺沙发是毛绒布料,又不慎沾染污渍,可用软毛刷蘸少许稀释的酒精扫刷一遍,再用电吹风吹干。如果沾上的是果汁,则用 1 茶匙苏打粉和清水调匀,再用软布沾上擦抹,污渍便会减退。

15. 如果不幸把菜汁滴到地毯上,可以先在污渍上撒些盐,尽可能把菜汁吸干净,防止油渍扩散,然后再进行进一步的处理。如果地毯染上油脂,可以将盐和外用酒精按 1∶4 的比例混合,把溶液顺着地毯毛的方向用力擦,再用水冲洗。如果不小心把红酒倒在地毯上,可以将盐撒在污渍上,放置 15 分钟,盐会吸净地毯上残留的红酒,然后用醋和水按 1∶2 的比例混合后的溶液清洗地毯受污的区域。

二、家居防潮小妙招

防潮、防霉也是家居保洁的一项重要工作,尤其是南方潮湿天气较多,湿气较重。那么,如何对室内进行防潮呢?除了天气晴朗时,把门窗全部打开,让居室内空气流通的方法之外,在这里总结一下室内防潮的小妙招以供参考。

1. 防潮小物件

①生石灰法。可用纸包一些生石灰,用旧袋垫底摊放居室四周,可以吸收空气中潮湿的水汽。

②碎屑法。在潮湿处撒些木屑、谷壳、稻草,可有效吸收水分。

③吸湿盒(吸湿包)法。吸湿盒或吸湿包是市面上比较常见的吸湿用品,一般由氯化钙颗粒作为主要填充物,大部分还添加了香精成分,集除湿、芳香、抗霉、除臭等功能于一体。可放置在衣柜、鞋柜等密封空间,吸湿效果较好。

④咖啡渣法。此法兼具吸湿除臭双重效果,将咖啡渣放进纱布袋、丝袜或棉袜中,就是方便好用的小型除湿包。

⑤植物法。虎皮兰、大叶植物能吸收空间中多余的水分,形成室内空间小型循环系统,维护室内湿度的平衡。利用植物除湿,应避免选择热带植物。

2.防潮机器

①抽湿机。抽湿机,多用于工业环境中,可以有效对环境湿度进行调节。在南方的梅雨季节或遇到"南风"天气时,室内湿气较重,家庭中也可以配置一台抽湿机,将潮湿空气抽入机内,通过热交换器,空气中的水分结露在热交换器内形成水珠,而将干燥的空气排出机外,如此循环使室内湿度降低。

②空调。遇到"南风"天气时,将门窗紧闭,空调打开,让室内气温不低于室外,这样就不会造成室内"冒汗"现象了。

学习单元四 案例单元

 学习目标

➢ 掌握红木家具保洁的方法。

➢ 掌握白色家具变黄处理方法。

知识要求

一、红木家具保洁

红木家具见图2-101。

图2-101 红木家具

案例:家务助理员李阿姨看见雇主家的红木家具的雕花上沾满了灰尘,勤快的她就赶紧拿湿抹布擦拭。可是用湿抹布擦过之后家具好像跟原来的颜色不太一样了,没过几天就发现擦过的地方表面有很细微的开裂。

分析:即便是雪白光滑的墙壁,时间久了也不免会挂上灰尘,更别说又有雕花又有

镂空的红木家具了。由于环境的污染,空气中的灰尘越来越多,红木家具的雕花部位或镂空部位特别容易积累尘垢,怎么办呢？那就要给家具除尘了。那么怎样的除尘方式是正确的呢？

正确方法一：一定要选用软棉布擦拭,擦拭顺序是从下向上,先擦家具腿部,然后再擦扶手和表面。不能用毛巾擦拭家具。因为毛巾的毛是棉线组成的环状结构,会刮伤家具的雕花、转角及木纹的细小劈裂部位。如果尘垢过多,可用晾干水分的潮布(即八成干的抹布)反复擦拭,千万不能用湿布。人们普遍意识不到其危害性,习惯用湿布擦拭家具,以为那样擦更干净,其实是大错特错的。湿布是家具的天敌,它会造成家具表面干湿的剧烈变化。当湿布中的水分和灰尘混合后,会形成颗粒物,一经摩擦就会损害家具的表面,轻则损害家具原有的包浆成色,重则导致家具表面日渐开裂。

正确方法二：采用吸尘器来吸去家具复杂部位的一些人力无法去除的灰尘,这个方法效果很好。

如果红木家具表面的污垢不算厚,可以采用酒精来擦拭。因为酒精能将家具表面的浮尘、油渍软化,便于清除,也不损伤木质。如果表面的油污特别厚,且木质较硬,可以采用另一种清洗方法：在温水中加入适量的洗涤剂,用较硬的棕刷沾水擦拭。或者用极其细腻的乏砂纸(即用过好几遍、磨削度已不高的砂纸)来擦拭。注意在清洗过程中,千万不可用开水来烫桌面,也不可以用小刀、钢丝球等来刮磨家具表面,那样做会刮坏木质。但是用木片或竹片来剔除不易清洁部位的较厚污垢是比较安全的方法,可以采用。

二、白色家具如何保洁

白色家具见图 2－102。

图 2－102　白色家具

案例：家务助理员王阿姨所在的雇主家的家具都是白色油漆的,可是这些白色的家具清洁几次后开始有点变黄了,怎么擦都擦不白,王阿姨有点不知所措了。

分析：事实上，很多家庭装修中选用了白色或浅色的油漆，通常使用过一段时间之后，白色的表面就开始泛黄了，特别是容易脏的部位（像椅子腿、桌面、门把手附近）。有人会建议使用碧丽珠喷蜡，没错碧丽珠有清洁家具和漆面上光的作用。但是，对于白色的油漆泛黄就无能为力了。

正确的方法：用小块海绵粘着含有软性研磨成分的家具清洁蜡擦拭。每个月擦拭一次，就可以长期保持白色家具常亮如新了。也有人用牙膏擦拭，效果不错，但牙膏只能用一次。如果用两到三次，家具就没有光泽了，而且会越来越脏。这种方法会导致家具很快地附着灰尘，缩短家具的使用寿命。

第三节　厨房、卫生间保洁

本节主要介绍厨房、卫生间的清洁和消毒知识。在进行清洁和消毒之前也要了解厨房和卫生间对个人卫生的要求。厨房对个人卫生要求较多也较高，从个人卫生和厨房卫生来看，家务助理员要做到以下几点：

- 要注意个人卫生，饭前便后要洗手；
- 保持手指甲的整洁；
- 处理食物时不用手触摸鼻子或打喷嚏；
- 要保证围裙干净整洁；
- 不在厨房内嬉戏；
- 做到墩板、冰箱、盛具内生熟食物分开；
- 炊具、容器等物品保持整洁；
- 不得存放易燃物体或含有毒性的任何物品；
- 保持下水道畅通；
- 做好防蝇、防鼠、防尘工作，搞好灭鼠、灭蝇工作。

学习单元一　不同质地的灶具、炊具、餐具基本知识

◎ 学习目标

➢ 了解灶具的基本种类。
➢ 了解炊具的基本种类。
➢ 了解餐具的基本种类。

一、灶具

灶具(见图2-103)是厨房的主要设备。目前家庭中使用的灶具可分为燃气类灶具、电器类灶具、燃油类灶具和燃煤类灶具。

图2-103　灶具

(1) 燃气类灶具包括液化石油气灶、煤气灶和天然气灶；

(2) 电器类灶具包括电炉、电磁炉、微波炉和电烤箱；

(3) 燃油类灶具包括汽油炉、煤油炉、柴油炉；

(4) 燃煤类灶具包括蜂窝煤炉等。

目前来看,在大、中城市使用量最大的是燃气类和电器类灶具,因此,在之后的灶具清洁中主要讲述燃气类和电器类灶具的清洁。

二、炊具

炊具(见图2-104)主要是指锅具,包括铝锅、铜锅、不锈钢锅等不同质地的锅具。此外也包括刀具、案板、壶、铲子等。

图2-104　炊具

铁锅是最常见的炊具,主要用于炒菜。铁锅能够在炒菜时溶解出少量铁元素,被人体吸收利用后对健康十分有益,但是铁锅很容易生锈。

铝锅很轻便,耐用,加热很快,与铁锅相比不容易生锈。但是铝锅不能用作酸性或碱性食物的烹煮,容易引起化学反应,产生有害物质。

不锈钢锅具外形美观、耐用、耐腐蚀、防锈等优点,但是不锈钢锅具导热不均匀的缺点,不能长时间盛放盐、酱油、醋、菜汤,也不能用来煲中药。在不锈钢洗涤时不能使用苏打、漂白粉,这些物品容易与不锈钢起化学反应。

三、餐具

家庭中常用的餐饮用具按照材质不同可分为陶瓷餐具、玻璃餐具、搪瓷餐具、不锈钢餐具、塑料餐具、竹木餐具、铝制餐具、铜制餐具、银制餐具等(见图2-105)。

图2-105 餐具

学习单元二 灶具、炊具、餐具清洁技术

学习目标

➢ 掌握燃气类灶具的基本清洁和特殊清洁。
➢ 能够熟练进行灶具清洁工作。
➢ 能够对炊具进行正确清洁。
➢ 掌握各种炊具清理注意事项和清理小窍门。
➢ 掌握餐具清洁基本步骤。
➢ 掌握不同质地餐具的清洁方法。
➢ 掌握餐具消毒方法。
➢ 掌握餐具摆放原则。

知识要求

一、灶具清洁

煤气灶与液化气灶的使用环境比较恶劣,经常受烟熏、火烤、油煎、尘积等,往往很快就会沾上油污,堆积焦化的污垢很难清洗,因此,平时一定要做好清洁工作。

1. 燃气类灶具(见图2-106)的清洁

图2-106　燃气类灶具

(1)及时清洁、随用随擦

清洁材料可以选择平日积攒下来的废报纸,将其放在厨房灶具旁,每次煮完饭后若有油污、汤汁溅到灶具上,就随时拿起报纸或抹布擦掉油污和汤汁,用完后将报纸丢掉。做到随时擦拭污渍,这是保证燃气类灶具整洁的最简便省力的方法。如果煤气灶上已有旧污垢,则可用面汤、淘米水泡一会儿,然后拿抹布擦掉即可。

(2)去除油渍

家庭炒菜等都是在煤气灶、液化气灶上进行的,因此,灶面上难免会有油渍。去除油渍则是燃气类灶具清洁工作中的重中之重。

①可用肥皂水或漂白粉溶液直接擦洗。

②可用黏稠的米汤清洁。干燥后的米汤会将灶具上的油污粘下来。我们将黏稠的米汤涂在灶具上,等米汤凝固后,用铁片或坚硬的工具轻轻刮拭,油污就会一起去除。

小贴士

可直接用抹布蘸较稀的米汤、面汤直接用力擦洗,也可以选用墨鱼骨擦洗汤?

(3)去除锈迹

灶具很容易生锈,去除锈迹可以按照以下步骤进行。

①用硬刷子把铁锈刷掉。

②取适量的石墨粉(化工商店有售)用水调匀。

③用刷子蘸石墨粉糊汁,在灶具上均匀地刷洗可以去除锈迹。

小贴士

若煤气灶具上已积有许多污垢,可先用面汤、淘米水等浸泡后再清理。煤气灶与液化气灶表面和内部的油污与积垢,可用专用清洁剂进行清洁。

（4）顽固污垢的清除

①用湿抹布将煤气灶表面浸湿；

②用湿抹布或刷子蘸中性洗涤剂刷洗，或用小苏打粉加热水代替洗涤剂擦洗；

③用干净的抹布擦拭干净。

对于仍不能去除的油污，可用厨房专用油污清洁剂直接喷洒在炉灶表面，停留片刻，用抹布擦除即可。

（5）去除灶具火架（见图2-107）污垢

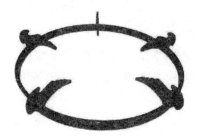

图2-107　灶具火架

被油或汤汁弄脏炉上的火架，就算用清洁剂来处理，也不见得能清理干净，不妨用水煮火架。先盛满一大锅水，然后放入火架。待水热后，顽垢会被分解而自然脱落。

（6）灶具火架的瓦斯孔

火架的瓦斯孔也经常被汤汁等污垢堵住，造成气体不完全燃烧。所以最好每周用牙签清理孔穴一次，或者用黏稠的米汤涂在灶具上，待米汤凝固干燥后，用铁片轻刮，油污就会被除去。如用较稀的米汤直接清洗，效果也不错。

2. 电器类灶具的清洁

（1）电磁炉（见图2-108）

图2-108　电磁炉

电磁炉使用后，可用干抹布擦拭面板，不能使用金属刷等较硬工具擦拭。其清洁步骤为：

①电磁炉使用完拔掉电源线，并等待电磁炉完全冷却；

②用湿抹布进行擦拭；

③如果油污较重可以用抹布蘸一些洗洁精擦拭，之后再用湿抹布擦抹干净；

④放回原位即可。

注意事项：

①不能直接用水冲洗电磁炉；

②电磁炉保存前要先将其擦洗干净，不能放于潮湿的环境中，也不能挤压；

③如果想要减少电磁炉的清洗工作，可以在使用电磁炉后在面板上放一张报纸，在使用过程中溅出的油污等基本上能够被报纸吸收，从而减轻电磁炉的日常清洁工作。

（2）微波炉（见图2-109）

图2-109　微波炉

每次使用后要将微波炉内的汤汁擦洗干净，以免时间长后散发异味同时也难以清理。其清洁步骤为：

①清洁前需先将电源线拔掉；

②检查炉门，保证物件没有夹在炉门上；

③转盘拿出清洗时应先用洗涤剂清洗，再用温水冲洗，最后需用干抹布将其擦干；

④将炉门附近的污垢彻底擦干净，以免其受到大负荷而变形；

⑤可以用清水或稀释后的清洁剂擦洗机身内外的污物，若污垢严重，可以用湿布蘸洗涤剂擦拭；

⑥湿布擦净后，再用干抹布擦干即可。

注意事项：

①不能将门边保险开关损坏，保险开关受到破坏容易发生危险；

②不要拆动微波炉的任何部件，以免其发生损坏和使用时触电；

③要定期对门缝、玻璃转盘和轴环进行清洗。

 小贴士

清洗过程中注意不要使用金属刷、纱布等硬质工具擦拭，以免刮花内壳。

二、炊具的清洁

不同材质的炊具,清洁方法也不一样。

1. 铁质炊具(见图 2 - 110)

图 2 - 110　铁质炊具

(1) 铁质炊具容易生锈,因此用完后要马上清洗,洗完后还要注意要用干抹布将水渍擦干以免铁锅生锈;

(2) 可以直接在水龙头下用炊帚刷洗;

(3) 如果铁锅生锈,可用食醋擦拭,然后再用清水冲洗干净即可。

🏅 小贴士

　　如果发现有腥味,可以在锅内放些菜叶和水一起煮开,然后倒掉就可以清除铁质炊具的腥味。

2. 不锈钢炊具(见图 2 - 111)

图 2 - 111　不锈钢炊具

不锈钢炊具不能长期用水浸泡,用过之后要及时将其清洗干净、擦干,并放在通风干燥处。对于有水渍的不锈钢炊具要及时用干抹布将其擦干,不能让其自行干透。

3. 铝制炊具（见图 2 - 112）

图 2 - 112　铝制炊具

铝锅、铝壶可以趁热擦洗，但是要注意防止烫伤。可以使用湿布或旧报纸擦拭表面污迹，如果过脏，可以使用清洁布蘸碱水进行擦拭。

 小贴士

由于铝制炊具表面有一层氧化铝起保护作用，因此要注意不能用钢丝球来擦洗铝制炊具，以免产生划痕，影响美观。同时不锈钢炊具也不能使用其他硬物擦拭。

4. 不粘锅（见图 2 - 113）

图 2 - 113　不粘锅

不粘锅的清洗必须要等锅的温度降下来后用清水洗涤，要用温水进行清洗，如果污迹难以清理可以使用加入洗洁精的温水进行洗涤。最好使用海绵清洗，不能使用钢丝球等硬质清洁工具进行洗涤，以免破坏不粘锅的功能。

5. 砂锅（见图 2 - 114）

图 2 - 114　砂锅

砂锅基本上用来炖汤,因此,锅底很容易出现发黑的现象。砂锅的清洗可选用淘米水,具体清洁步骤如下:

(1)将淘米水倒入砂锅内,然后加热砂锅;

(2)用刷子或钢丝球洗刷锅底;

(3)将砂锅用清水冲洗干净即可,晾干后放入橱柜。

6. 刀具、菜板(见图 2-115)

图 2-115 刀具、菜板

刀具用完后要立马用水冲洗并擦拭干净;砍骨头、剁鱼要使用砍刀,不要选用菜刀;若生锈可以将其泡在淘米水中,擦净后锈迹便可除去。

菜板可直接用清水冲洗,也可用刀刮去明显污迹;为避免菜板发霉,要将用过的菜板放置于通风的地方。

 小贴士

1. 刀如果沾有鱼腥味,可用生姜、葱、蒜反复擦拭便会除味。

2. 清除铜锅的污垢,可用软布蘸细盐和柠檬汁擦洗,便会使锅焕然一新。

3. 去除烧水的铝锅底部水垢,可在烧水时放入一汤匙苏打,煮几分钟后水垢便会清除。

4. 刚做完菜的油锅可以直接放在水龙头下冲洗,如果油污较多也可用淘米水、碱水或洗涤灵等浸泡数分钟后用清水冲洗。

5. 奶锅若是锅底留有焦痕,可先用冷水浸泡,然后再清洗。或者在里面倒些醋,浸泡焦黑部分,再用洗碗布擦拭干净即可。

三、餐具清洁、消毒及摆放

现在很多家庭都有洗碗机,用洗碗机清洁餐具时请严格按照洗碗机的操作说明进行。同时,作为家务助理员也必须掌握基本的清洁和消毒知识。

1. 餐具清洁基本步骤

（1）收拾餐桌，将餐具内剩余食物和垃圾倒入垃圾桶内；

（2）准备好洗涤剂、洗碗布；

（3）一般餐具可直接用清水冲洗；

（4）将油腻餐具浸入滴有洗涤剂的清水中刷洗；

（5）用清水将全部餐具冲洗干净；

（6）将餐具直接放入滴水篮中待其干燥后后放入碗橱内，或直接用干布擦干。

 小贴士

　　如果家中做米饭或是面食，可将淘米水、剩面汤用来洗涤餐具，效果比较好；也可选用碱水来浸泡，清洗餐具。

2. 不同质地餐具清洁方法

（1）瓷质餐具（见图 2-116）和玻璃餐具

　　瓷质和玻璃餐具用一般的洗涤剂或者去污粉就可以清洗干净；玻璃餐具上的污渍和茶渍还可以用布蘸盐、碱面或者牙膏擦拭，再用清水清洗；玻璃餐具还可以用醋与食盐混合液进行擦拭，除垢效果也很好。

图 2-116　瓷质餐具

（2）塑料餐具（见图 2-117）

图 2-117　塑料餐具

塑料餐具清洁：可以用布蘸着醋或者碱面擦拭，然后再用水冲洗干净，这样就能够保证其表面的光泽度，也能清洗干净污渍。也可以选用洗涤剂：在温水中加入洗涤剂，然后用海绵擦洗，最后用清水冲洗干净即可。

（3）不锈钢餐具（见图2-118）

图 2-118　不锈钢餐具

不锈钢餐具要注意保证其干燥。用洗涤剂清洗干净后，再用软布进行擦拭，然后放在通风干燥处即可。不锈钢餐具上留有硬水造成的白斑时可以用食醋擦洗干净。

（4）铝制品餐具（见图2-119）

图 2-119　铝制品餐具

铝制品餐具可以用旧报纸或者湿布来擦拭污迹，擦洗可趁其温热时进行，但是要注意防止烫伤。铝制品餐具需要经常性擦拭才能够保证其明亮如新。

如果铝壶内有了因长久不用而产生的水垢，可以往壶内加入些苏打，然后煮几分钟就可以除垢了。

（5）铜质餐具（见图2-120）

图 2-120　铜质餐具

铜质餐具清洁：可以用布蘸醋擦拭一圈，然后再用清水冲洗即可使其恢复光泽；也可以用香烟锡纸蘸精盐擦拭，同样也可以去除污渍。如果铜质餐具过于肮脏，也可以用烧开的白酒进行擦拭。

（6）银制餐具（见图 2 - 121）

图 2 - 121 银制餐具

银制餐具用酒精擦拭便可去除其污垢。银制餐具容易变黑或产生锈迹，此时用醋或牙膏擦拭便能够使其恢复原貌，若产生霉斑也可用牙膏擦拭。最后要记得用清水冲洗干净。银制餐具在擦洗时要选择质地柔软的布料。

（7）餐具清洗小技巧

餐具长期存放容易产生些怪味，要想去除怪味可在洗碗水中放入柠檬片和橘子皮，或者滴入醋汁，鱼腥、葱、蒜等味道也可以使用这个方法去除。碗碟表面容易积攒污垢，清理时可以用食盐和醋的混合液擦拭，然后用清水冲洗干净即可。米汤、面汤和淘米水也有很好的去污效果，日常清除餐具污渍时也可以合理利用。

3. 餐具消毒

在清洁家庭餐具后，一般家庭还会定期对餐具进行消毒处理。家庭传统消毒方法主要为蒸、煮、烫、漂以及药物消毒，随着社会科技的进步，现在又出现了消毒柜、微波炉消毒等方法。

（1）蒸

蒸即蒸汽消毒。将洗干净的餐具放入蒸笼内，盖紧锅盖蒸 5～10 分钟便可达到消毒的目的。

（2）煮

煮是最简单的消毒方法。将餐具洗干净后放入开水锅内，让水完全淹没餐具，煮10 分钟后将餐具拿出，再将消毒过的餐具擦干后放入干净的柜橱内即可。

小贴士

此方法比较适合陶瓷、搪瓷、不锈钢制品和耐高温的餐具。病人

使用过的餐饮用具要单独清洗和蒸煮,时间一定要长达 15 分钟以上。

（3）烫

将清洗干净的餐具用开水淋烫或浸泡,这和蒸煮方法有着异曲同工之妙。

（4）漂

将洗干净的餐具放入添加了漂白粉的温水中浸泡 30～60 分钟,然后取出用清水冲洗干净即可。

此方法主要适用于不耐高温和遇热容易爆裂、变形的餐具。

（5）化学药物消毒

可以使用市场上出售的巴氏消毒液和高锰酸钾溶液进行消毒,但是药物都需要进行稀释后,再将需要消毒的餐具进行浸泡,浸泡后必须用清水冲洗干净。此种方法一般人难以把握药物的浓度,故不建议使用。如果一定要采用化学药物消毒,注意要采用经过卫生行政部门批准使用的化学药物,同时要及时更新化学药物,不能长时间使用。

（6）消毒柜消毒

消毒柜(见图 2－122)目前在大中型城市家庭餐具消毒过程中使用广泛。消毒柜分上下两层,上层主要用于儿童塑料餐具和不耐高温餐具的消毒;下层主要用于耐高温餐具消毒。在使用消毒柜进行餐具消毒时要注意严格按照说明书要求进行操作。

图 2－122　消毒柜

其使用步骤是:

①插上消毒柜电源插头;

②将餐具清洗干净,倒干水滴,将需要消毒的餐具分别放在消毒柜相应的层架

上（即将耐高温的餐具放入下层,不耐高温的餐具放入上层）,餐具之间不要重叠摆放;

③关好消毒柜门,按启动键,指示灯亮,开始工作,工作时长大约为 30 分钟,消毒过程中不要打开消毒柜门;

④消毒结束,要等待 10 分钟左右才能取出餐具,避免被消毒餐具烫伤。

🏅 小贴士

瓷器餐具放入消毒柜后容易释放有毒物质,因此消毒柜消毒时不可将瓷器放入其中。

4.餐具摆放

餐具清洁完,要将餐具分门别类地摆放好。同样,餐具摆放也要遵循一定原则,才能使其摆放整齐,使用方便。

（1）分门别类摆放

盘、碗要分开放,同类别和相近类别的餐具放一起,同一类别的餐具要按照其形状和大小归类、放好,碗放在上层,盘子放在下层。

（2）按餐具用途摆放

经常使用的要放在碗橱外面,以方便取用;不经常使用的放在里面,需要用时再拿。

（3）尊重雇主家习惯

如果雇主家已经有自己的习惯,那么作为家务助理员,我们在进行餐具摆放时就应该尊重雇主家的习惯,以便雇主自己在使用时能够方便拿取。

🏅 小贴士

儿童和病人的餐具要单独码放。

学习单元三　卫生间清洁和消毒

 学习目标

➢ 熟练掌握卫生间基本清洁步骤。

➢ 能够正确清洁卫生间墙壁。

➢ 能够使浴缸保持整洁。

➢ 能够使马桶保持整洁。

一、卫生间基本清洁步骤

卫生间(见图2-123)作为家居清洁的重要组成部分,其整洁程度也能够反映出家务助理员的技能水平。卫生间所需要的清洁工具也有很多,前面列举的马桶刷、喷雾剂、清洁剂、刷子、手套等工具都是卫生间保洁的必备工具,同时在打扫过程中家务助理员必须戴橡胶手套,使用指定的清洁工具。

图2-123 卫生间

卫生间的清洁也有固有的程序,基本原则是按照从高到低的清洁顺序进行:

1. 开灯、开窗

进卫生间前先把灯打开、便于清洁,同时要将卫生间窗户打开进行通风。

2. 清洁墙面

刷洗墙面应按照从上到下的顺序,用清洁液刷洗,然后用水冲洗干净。靠近地面的墙面瓷砖可以用洁厕灵进行清洗。

3. 清洁喷头

淋浴喷头要隔段时间将其取下,浸泡在食醋里2小时后用刷子刷洗,再用清水冲洗干净后重新安装好。

4. 清洁浴缸

用毛刷蘸清洁液进行刷洗,刷洗完后用清水冲洗干净。

5. 清洁卫生间镜面

从上到下,用玻璃水(汽车挡风玻璃清洗液)进行卫生间镜面擦拭工作,擦拭干净后再用干布擦净,保证镜面干净无污渍。

6. 清洁洗脸盆及台面

首先要将残留在洗脸盆内的污物清理干净,然后将清洁剂均匀地喷入洗脸盆内外,用抹布从里向外进行擦拭,最后打开水龙头用清水冲洗干净。如果洗脸盆是陶瓷洁具,也可以用白醋和柠檬果皮来清洁,会使得洁具光亮如新。

7. 清洁坐便器

先用洁厕灵全面进行刷洗。如果污垢较重,可重复倒入洁厕灵直至刷干净为止。

8. 清洁地面

清洁地面放在最后是为了保证地面的整洁,用湿拖把将所有污渍拖干净后,再用干拖把将其拖至半干,以免卫生间持续潮湿。

9. 整理垃圾、补充卫生用品

将卫生间所有的垃圾都清除,放入垃圾袋内。检查雇主家卫生用品是否需要更换,如洗手液、手纸等。

10. 查看有无漏项、关灯及关门

做完上述工作后环视一下,检查是否有漏掉的地方。认为卫生间的一切工作均已完成后便可以关灯、关门,退出卫生间。

接下来讲述几块较为重要的卫生间打扫区域,主要为墙壁、镜面、浴缸和马桶。

二、卫生间墙壁

卫生间的墙壁(见图 2-124)一般都是用瓷砖和大理石装修。

图 2-124 卫生间墙壁

1. 卫生间墙壁清洁步骤

(1)首先要将卫浴多用清洁剂或者洗涤剂兑好水,将抹布或海绵放入兑好的水中;

(2)用抹布或海绵进行由上而下的墙壁擦拭工作;

(3)在擦拭过程中检查墙壁上浴巾架、抽风机、卫生纸架等卫生间用具是否保持完整,有无故障;

(4)对于靠近地面的瓷砖,可先喷些洁厕灵,然后再进行刷洗;

(5)用干净的抹布进行二次擦拭,并用清水冲洗,直至墙面光洁为止;

(6)用干布进行擦拭,并晾干墙壁,然后在瓷砖缝隙处涂上蜡油,使墙壁瓷砖不易

沾水和积灰,做好防霉防渗工作。

2.注意事项

(1)涂料墙壁只需要用湿布擦拭就可以了;

(2)油污过重的地方,用清洁剂擦拭时注意力度,不要用力过度以免将墙壁刮花;

(3)墙壁清洁剂的选择要避免选用去污粉;

(4)海绵或湿布要柔软,不能有硬物在上面,以免划伤墙面瓷砖。

三、镜面

镜面见(图2-125)的清洁步骤如下:

1.从上往下,用玻璃水进行卫生间镜面擦拭工作;

2.擦拭干净后再用干布擦净,以保证镜面干净无污渍。

图2-125 镜面

小贴士

由于浴室长期处于潮湿状态,长期的水雾会使得浴室镜面模糊不清,直接用干、湿毛巾擦拭干净也很难使其恢复清晰度。可以选择在镜面上先涂上一层肥皂,然后用干燥的抹布进行擦拭,镜子就可以恢复清晰。

四、浴缸

浴缸(见图2-126)的清理步骤如下:

(1)先将水孔活塞拔出,将上面的污物清理出来,如头发等;

(2)放些水,使浴缸内保持湿润;

（3）将浴缸清洗消毒剂按照说明书稀释后喷洒于浴缸表面，并停留 15 分钟左右；

（4）往浴缸内放入清水进行清洗即可。

图 2－126 浴缸

🏅 **小贴士**

1. 在清洁浴缸时，不能使用百洁布清理，否则容易损伤浴缸底部的防滑层和陶瓷表面。

2. 清洁浴缸时，可用厚毛巾垫住双膝跪在浴缸外，方便打扫。

3. 浴缸由于长时间使用可能会产生黄色污垢，黄色污垢可以用漂白粉加水按照 1∶9 的比例配成溶液，用湿布蘸取进行擦拭，污垢很容易就会被清除；也可以将柠檬片盖在黄色污垢上，过一会用清水冲洗也可清除。

4. 浴缸上的锈渍可以用软布蘸牙膏进行擦拭；如果锈渍顽固，则可以在锈渍上涂上稀释后的卤素漂白剂，然后用水冲洗也会使浴缸恢复清洁。

5. 塑料浴缸的污垢可以用海绵蘸酸性清洁剂擦拭，然后用清水冲洗即可。

6. 清洗浴缸除上述方法外，还可以将不用的肥皂头放入废旧的丝袜内，在肥皂盒内浸泡一会后擦拭浴缸表面，然后再用海绵或抹布擦洗，效果也很好。

五、马桶

马桶（见图 2－127）内壁较容易沾染污物，在清洁马桶过程中要着重清理马桶内壁，尤其是内缘水圈边缘更容易留存污物，要重点清洗。马桶的清洁方法为：

1. 将所需要的清洁工具备齐,并打开厕所的排气扇。

2. 掀起坐便器垫圈,先用厕刷清洗一遍马桶内壁。

3. 将洁厕灵或清洁剂兑好水并倒入喷雾器内,在马桶内壁及外壁仔细喷上清洁液并用马桶刷进行刷洗;如果污垢较重,则再次倒入清洁液并浸泡数分钟再进行刷洗,直至刷洗干净。

4. 用百洁布擦拭马桶外的坐盖、水箱、水管等物件。

5. 冲水,同时将马桶刷深入马桶内再次进行刷洗。

6. 用干布将坐盖和水箱抹干、复位,并检查其是否运作正常,最后盖好马桶盖即可。

图 2-127 马桶

小贴士

在日常生活中,可以将废弃的肥皂头装入旧丝袜中扎进马桶的水箱内,让肥皂溶于水中,在日常冲水过程中就可起到清洁马桶的作用。

学习单元四 厨房、卫生间清洁小妙招

学习目标

➤ 熟练运用各种妙招进行灶台清洁。

➤ 熟练进行瓷砖的防霉防渗工作。

 知识要求

一、灶台清洁小妙招

家庭厨房的灶台承担着做饭烧菜的任务,容易被溅上油污,如果油污没有及时清理或者因为平时没有将油污擦拭干净,那么灶台的清理就会变得比较艰难。同时,油污变干后只用抹布蘸洗洁精擦拭非常费力,而且擦拭完后还容易在表面形成雾蒙蒙的效果。要使灶台变得光亮如新,可以试一下下面的小妙招。

1. 面粉擦拭法

将面粉撒在油污上,用干抹布或用手按在面粉上来回擦拭,会看到面粉慢慢变成了油污色,然后再用湿抹布轻轻擦拭,灶台就变得光亮如新了。

2. 萝卜清洁法

在灶台清洁中只使用洗洁精并不能使灶台彻底清洁干净,这时我们可以用上萝卜。先往灶台上倒适量的洗洁精,然后用不用的萝卜头将洗洁精涂匀擦拭,再用抹布擦拭,一般就可以让灶台焕然一新了。如果没有萝卜也可以用黄瓜片代替,但是白萝卜的效果最佳。

3. 肥皂水清洁法

可以把抹布浸泡到肥皂水中,然后用湿抹布和干抹布反复擦拭灶台,也能够将灶台擦拭干净。

4. 柠檬皮清洁法

将不要的柠檬皮(或橘子皮)放入水中,将水煮开。用抹布蘸柠檬皮(或橘子皮)水擦洗便可使灶台焕然一新了。

还可以选择用牛奶和啤酒来清洁灶台。

二、瓷砖防霉防渗小妙招

目前家庭装修不管是墙壁还是地板选择瓷砖的都比较多,而在东部沿海城市的家居清洁中,瓷砖的防霉防渗方法尤为重要。在这里我们主要介绍以下几种瓷砖防霉防渗的小妙招。

1. 涂蜡消灭霉点

厕所里环境潮湿,长时间不打扫,瓷砖的接缝处容易出现墨绿色的小霉点。可以在彻底清理完卫生间以后,在瓷砖的接缝处涂上蜡。

2. 多功能去污膏清洁

瓷砖缝隙可先用牙刷蘸少许去污膏除垢后,再在缝隙处用毛笔刷一道防水剂即可。这样不仅能防渗,还能防霉菌生长。

3. 自然通风及其他方法

瓷砖防霉最经济有效的措施是自然通风,应该注意选用密封性好的门窗,选择合适

的时间开窗换气,防止室外大气污染进入室内。如果在冬季或长期使用空调的家庭居室里,可选择使用空气净化器。另外,有条件的家庭还可以尝试使用物理方法对室内空气进行除菌处理,如紫外线消毒法,在家庭空气消毒时可以选用低臭氧型紫外线灯。

学习单元五　案例单元

> 掌握清洁餐具和玻璃镜面的基本方法和步骤。

一、如何清洁餐具

餐具必须保持整洁才能使用。要做到刮、洗、过清水、消毒才能保证餐具完全清洁。

1. 餐具清洁基本步骤

（1）将餐具中剩余食物倒入垃圾桶内;

（2）将洗碗盆内注入清水并滴入几滴洗洁精;

（3）将一般餐具先冲洗干净拿出后,再放入油污重的餐具进行冲洗,若过于油腻可重复第二步骤反复清洗几遍;

（4）将洗刷过的餐具用清水洗,边洗边码放;

（5）控水并放入消毒柜中消毒;

（6）放入碗橱。

2. 清洁原则

（1）要定期消毒;

（2）儿童、病人餐具要单独清洗消毒和单独码放;

（3）先洗碗筷,后洗锅盆,即先洗小件,后洗大件;

（4）先洗不带油的,后洗带油的餐具,并分开洗涤。

二、如何清洁玻璃镜面

在进行玻璃镜面清洁时,我们要注意保持抹布的干净,然后按照下面的步骤进行擦拭。

1. 往玻璃镜面上喷专用的玻璃清洗剂;

2. 按照自上而下的顺序依次擦洗玻璃;

3. 再用干净的湿抹布进行镜面擦拭（擦拭力度不宜过大）;

4. 用干抹布进行再清洁一遍;

5. 最后在玻璃镜面干燥的情况下再用白酒或酒精擦一遍。

玻璃的清洁方法多种多样：

1. 在凉茶水或温水中放些增白剂，用布蘸水擦拭，镜子干时，再用报纸擦拭。

2. 用棉花团蘸花椒水或酒擦拭，等玻璃干净后再用清水擦拭即可。

3. 用布蘸牛奶擦拭也可使镜子清晰光亮。

小贴士

　　肥皂能够有效预防镜面模糊。在镜面上涂些肥皂，然后用干布擦一遍，使其形成一道能够隔绝蒸汽的保护膜。用香水来擦镜子效果更好，因为香水中的酒精会挥发，还能留有余香。

（朱晓卓　王变云）

第三章　家居衣物洗涤晾晒

第一节　衣物洗涤概述

学习单元一　衣物洗涤基础知识

学习目标

➢ 初步了解不同面料衣物的基本知识。
➢ 掌握根据感官和标牌识别衣物材质和种类。
➢ 掌握不同衣物洗涤剂的用法。
➢ 掌握不同衣物洗涤剂所适用的衣物范围。
➢ 掌握衣物洗涤的基本步骤。

知识要求

一、衣物基础知识

1. 常用服装面料
（1）棉型织物（见图 3-1）

图 3-1　棉型织物

棉型织物是指以棉纱线或棉与棉型化纤混纺纱线混合织成的织品。其透气性好，吸湿性好,穿着舒适,是实用性强的大众化面料。可分为纯棉制品、棉的混纺制品两大类。

(2) 麻型织物(见图 3-2)

图 3-2　麻型织物

由麻纤维纺织而成的纯麻织物及麻与其他纤维混纺或交织成的织物统称为麻型织物。麻型织物的共同特点是质地坚硬、粗犷硬挺、凉爽舒适、吸湿性好,是理想的夏季服装面料,麻型织物可分为纯纺和混纺两类。

(3) 丝型织物(见图 3-3)

图 3-3　丝型织物

丝型织物是纺织品中的高档品种,主要指以桑蚕丝、柞蚕丝、人造丝、合成纤维长丝为主要原料的织品。它具有轻薄、柔软、滑爽、高雅、华丽、舒适的优点。

(4) 毛型织物(见图 3-4)

图 3-4　毛型织物

毛型织物是以羊毛、兔毛、骆驼毛、毛型化纤为主要原料制成的织品,一般以羊毛为主,它是一年四季都能用的高档服装面料,具有弹性好、抗皱、挺括、耐穿耐磨、保暖性强、舒适美观、色泽纯正等优点,深受消费者的欢迎。

(5)纯化纤织物(见图 3-5)

图 3-5　纯化纤织物

化纤面料以其牢度大、弹性好、挺括、耐磨易洗、易保管收藏而受到人们的喜爱。纯化纤织物是由纯化学纤维纺织而成的,其特性由其化学纤维本身的特性决定。化学纤维可根据不同的需要,加工成一定的长度,并按不同的工艺织成仿丝、仿棉、仿麻、弹力仿毛、中长仿毛等织物。

(6)其他服装面料

① 针织服装面料:是由一根或若干根纱线连续地沿着纬向或经向弯曲成圈,并相互串套而成的。

② 裘皮:带有毛的皮革,一般用于冬季防寒靴、鞋的鞋里或鞋口装饰。

③ 皮革:各种经过鞣制加工的动物皮。

④ 新型面料及特种面料:蜡染、扎染、太空棉等。

2. 衣物质地识别

(1)感官识别

感官识别是指根据服装面料不同的外观和特点,通过人的眼、耳、鼻、手等感觉器官,来判断面料的成分。

① 棉织物:手感温暖,光泽柔和,布面有明显的纱头,弹性差,容易起皱。

② 麻织物:手感较棉织物粗硬、挺括,表面的纱线明显不均匀,能看到疵点。

③ 丝织物:手感柔软、润滑,光泽柔和,表面细洁,抓捏时有"瑟瑟"的丝鸣声。

④ 毛织物:手感舒适、温暖,外观平整,光泽柔和自然,较棉、麻、丝等天然织物弹性和抗皱性更好。

⑤ 涤纶织物:手感滑腻、有凉感,较天然纤维织物更硬挺,表面光滑,光泽明亮,相互摩擦会产生静电并发出"噼啪"声。大部分化纤面料都是用涤纶织造的。

⑥ 锦纶织物:锦纶又称尼龙、卡普隆,弹性极好,大量用于纺织袜子。经过改良后

的锦纶织物由于质地轻巧,手感光滑,又有良好的防水、防风性能,故常作羽绒服、登山服等冬季服装的面料。

⑦ 维纶织物:与棉织物相似,但不如棉织物柔软,弹性差,易起皱,为低档服装面料。

⑧ 腈纶织物:与毛织物相似,手感柔软,有蓬松感,但比毛织物轻,颜色非常鲜艳,弹性较差。

⑨ 粘胶织物:一般称为人造棉,手感滑爽,比棉织物更柔软。

前 4 种为天然纤维织物,后 5 种为化学纤维织物。

感官识别是一种比较粗略的识别方法,一般由经验判定。但是,随着新技术、新产品的不断产生,化学纤维织物的外观、风格与其所模仿的天然纤维织物非常相似,混纺织物更是种类繁多,仅凭眼看手摸是很难准确判定的,所以,要用更多方法来分析,其中最直接、最便捷的是标牌识别法。

(2)标牌识别

标牌识别法即通过阅读服装标牌(见图 3-6)或水洗唛上的文字,来确认服装面料的成分。对于一些信誉好的商场或品牌服装,会在服装外挂标牌或缝在衣服里的水洗唛上标明两个内容——纤维名称和纤维的含量(一般用百分比表示)。如涤 65%,棉35%,表示做这款服装的面料是涤棉布,其中涤纶的成分占 65%,棉的成分占 35%。但是,标牌或水洗唛上的纤维名称常常会用英文标注,所以要知道一些常用纤维的英文名称,如棉:cotton,麻:linen,丝:silk,羊毛:wool,涤纶:polyester,锦纶:polyamide,尼龙:nylon,氨纶:polyurethane,维纶:vinylon,腈纶:acrylic,粘胶:rayon。

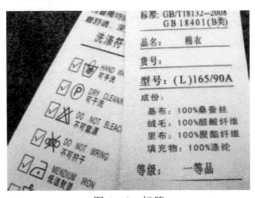

图 3-6 标牌

二、衣物洗涤基础知识

1.常用洗涤用品

(1)洗衣皂(见图 3-7)

洗衣皂是块状硬皂,它是一种传统的洗衣用品。洗衣皂包括普通肥皂、半透明皂、复合皂、增白皂等。半透明皂去污力强,比较柔和;复合皂抗硬水能力强;增白皂中加有漂白剂。

图 3-7　洗衣皂

（2）洗衣粉（见图 3-8）

图 3-8　洗衣粉

洗衣粉是合成洗涤剂的一种，是必不可少的家庭日用品。目前市场上的洗衣粉主要有以下三种分类，各具特点：

① 普通洗衣粉和浓缩洗衣粉

普通洗衣粉去污力相对较弱，不易漂洗，一般适合于手洗；浓缩洗衣粉去污力强（至少是普通洗衣粉的两倍），易于清洗、节水，一般适宜于机洗。

② 含磷洗衣粉和无磷洗衣粉

含磷洗衣粉会破坏水质，污染环境。无磷洗衣粉则无这一缺点，有利于水体环境的保护。

③ 加酶洗衣粉和加香洗衣粉

加酶洗衣粉对特定污垢（如果汁、墨水、血渍、奶渍、肉汁、牛乳、酱油渍等）的去除具有特殊功效，同时其中的一些特定酶还能起到杀菌、增白、护色等作用。加香洗衣粉在满足洗涤效果的同时能让衣物散发芳香，使人感到更舒适。

（3）洗衣液（见图 3-9）

洗衣液为一种液态的衣物洗涤剂，具有高去污的特点。洗衣液按用途可分为通用型洗衣液和专用型洗衣液。通用型洗衣液主要用于洗涤棉、麻、化纤及混纺织物；专用型洗衣液包括局部去渍剂、丝毛洗涤剂、羊绒洗涤剂、羽绒洗涤剂、丝绸洗涤剂、内衣洗

图 3-9　洗衣液

涤剂、婴儿织物洗涤剂等。按其表面活性剂含量的高低可分为普通型和浓缩型;按其功能的不同又可分为洗涤柔软二合一洗衣液、漂白洗衣液、除菌洗衣液、抗紫外线洗衣液和护色固色洗衣液等;按有无加酶可分为一般洗衣液和加酶洗衣液等。

（4）皂粉（见图 3-10）

图 3-10　皂粉

皂粉是一种把洗、护功能结合起来的洗涤产品,具有纯天然、去污强、超低泡、易漂洗等特点。它的活性物质主要是脂肪酸,原料 90% 以上来自可再生的植物油脂,且不含聚磷酸盐。

皂粉对皮肤的刺激性低,且保护织物,洗后的衣物无须使用柔顺剂就蓬松柔软,解决了织物多次洗涤后污垢积淀、硬化、带静电等问题。由于皂粉中添加了特种钙皂分散剂,所以去污力更强,是普通洗衣粉的 1.3～1.5 倍;它还不像肥皂那样对水质有要求,即使在低温和高硬度水中仍然表现出其优良的洗涤性能。皂粉还克服了洗衣粉刺激皮肤的缺点,洗涤效果也更出色。

（5）衣物柔软剂（见图 3-11）

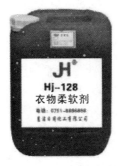

图 3-11　衣物柔软剂

衣物柔软剂是一种能赋予衣物和织物在穿着和使用时有柔软愉悦感觉的日用化工产品。柔软剂的平滑、柔软作用主要是由于柔软剂吸附在纤维表面以后,防止纤维与纤维直接接触,降低了纤维与纤维之间的动摩擦系数和静摩擦系数,减少了织物组分间的阻力和织物与人体之间的阻力,从而达到手感柔软、滑爽、穿着舒适的效果。

柔软剂的种类很多,有适合羊毛、丝绸的,有适合棉麻类的,有适合化纤类的,也有适合混纺类的。一般呈酸性,主要用于浴巾、床单、衣服、毛织品的柔软处理。其特点是易溶于水,对洗涤对象有适当的亲和力,使得洗涤后的衣物、织品有柔软感,并有抗静电作用;使得处理后的织物不失其润滑性;使得织物有蓬松感,提高丰满度,并且有增厚作用,使织物富有弹性和柔软的手感。

(6)衣领净(见图 3-12)

图 3-12　衣领净

衣领净或领洁净是一种专用洗涤剂,是专门为洗涤衬衫、T恤以及内衣的领口和袖口污垢所设计的。它也像其他洗涤剂一样含有阴离子表面活性剂等洗涤活性成分,同时还含有一种叫作碱性蛋白酶的成分,这是一种生物酶制剂。对于人体分泌的油脂、汗渍有很好的分解能力,而且非常适合在碱性的洗涤液中发挥作用。

2.常用洗涤用品用法

(1)洗衣皂

一般手洗衣物时使用,可直接涂抹在浸泡过的衣物上,脏污处可重点涂抹,然后揉搓洗净即可。

(2)洗衣粉

不同类型的洗衣粉在使用时,要掌握溶解的温度。加酶洗衣粉在45℃水中使用效果最好,若温度超过60℃,生物酶即失去活性。漂白型洗衣粉在60℃以上热水中溶解,有漂白作用。其他类型洗衣粉在使用时,可先用少量60~80℃的热水将洗衣粉化开,再加入适量冷水,水温调至40℃左右即可开始洗涤。若用冷水溶解,洗衣粉中的消毒防腐剂——硼酸会因不易溶解,而失去其作用。

洗衣粉溶液的浓度可掌握在0.5%～1%,一般是1平匙(约5～10g)加水1L,可洗涤一件单衣。在使用中如果洗涤液泡沫消失(除低泡型外),说明溶液比较脏了,失去了洗涤作用,应重新配制,不要在旧溶液中加洗衣粉,以免造成不必要的浪费。

（3）洗衣液

① 洗涤方式：先将洗衣液倒进清水中，再添加需洗涤的衣物，这样可以防止衣物跳色，保证洗衣液均衡分布，增加衣物使用寿命。

② 洗衣浸泡时间：视衣物污迹程度选择合适的浸泡时间。平日穿戴的外套和贴身衣物建议先浸泡 3～5 分钟，然后再洗涤，这样洗涤效果更好，洗时也较省力。但是，衣物浸泡时间也不是越长越好。

③ 剂量：洗衣液用量以洗衣液使用说明为准，一般是 15～30mL（1 盖子），洗衣液量并非越多越好。清洗脱水后，应尽快将衣物晾起，有利于洗衣液清香的持久散发（放洗衣机中过久容易导致清香浑浊），但不能过度暴晒。

（4）皂粉

使用皂粉时应首先看清产品包装上的使用说明，一般情况下，皂粉倒入水中后，可马上搅动一会儿以加速其溶解，溶解后放入衣物浸泡 15～20 分钟后再洗涤，如用温水洗涤效果更好。如果是加酶产品（包装上会有说明），则尽量用温水洗涤，可使生物酶的作用得到充分发挥，但水温不要超过 60℃，否则酶会失效。使用洗衣机洗时与普通洗衣粉用法相同。

（5）衣物柔软剂

① 在使用柔软剂时一般水温控制在 60℃ 左右。

② 大部分的柔软剂是酸性的，适宜在微酸中稳定操作，不能与碱性原料混合在一起使用。

③ 在烘干过程中一定要控制烘干温度，一般在 80℃ 下烘干，或烘干到八成干时关掉蒸汽阀，改用冷风烘干才能起到柔软的效果。

④ 柔软剂分热水型和冷水型，在溶解时要根据其特点进行操作，如果柔软剂是热水型，则需用热水或加热时才能使柔软剂溶解，一般柔软剂都要按 1：10 或 1：15（m/V）的水溶解，即 1kg 的柔软剂需用 10～15L 的热水化开成溶液，再根据衣物的柔软程度进行下料。

（6）衣领净

由于衣领净是生物制剂，使用时是有条件要求的：

① 为了充分发挥蛋白酶的作用，衣领净应该直接涂抹在干燥的衣物上。因为衣物下水以后就会影响衣领净的浓度和温度。

② 涂抹衣领净以后需要放置一段时间，但不宜过久，一般在 3～5 分钟即可。要给酶制剂留有充分反应的时间，然后再进行洗涤（注意：涂过衣领净的衣物应直接投入含有洗衣粉的水中，而不是清水中）。

③ 如果条件允许，洗涤的水温应在 40℃ 左右，这时蛋白酶的活力最高，能够发挥最好的效果。

④ 衣领净也对其他含有蛋白质类污渍具有洗涤功能，如鱼肉汤汁、牛奶、豆浆以及人体蛋白类分泌物等。但是衣领净不宜代替一般洗涤剂使用，因为衣领净的表面活性剂总含量远不如洗衣粉一类的洗涤剂那么高。

⑤ 由于蚕丝和羊毛都是蛋白质纤维,蛋白酶也会对它们产生影响,造成颜色或纤维的损伤,所以这类衣物使用衣领净时要慎重。

3. 衣物洗涤常用标志

衣物如何洗涤是一个很重要的问题,因为正确的洗涤方法会让衣物亮丽如新,而不当的洗涤方法可能会损坏衣物。所以了解一下水洗标洗涤标志所代表的意义很有必要(见表 3-1、表 3-2)。

表 3-1 常见洗涤标志说明

符号	英文	含义
○	dryclean	干洗
⊗	do not dryclean	不可干洗
Ⓟ	compatible with any drycleaning methods	可用各种干洗剂干洗
iron符号	iron	熨烫
iron low符号	iron on low heat	低温熨烫(100℃)
iron medium符号	iron on medium heat	中温熨烫(150℃)
iron high符号	iron on high heat	高温熨烫(200℃)
do not iron符号	do not iron	不可熨烫
△	bleach	可漂白
▲	do not bleach	不可漂白
□	dry	干衣
⊡●	tumble dry with no heat	无温转笼干燥
⊡•	tumble dry with low heat	低温转笼干燥
⊡••	tumble dry with medium heat	中温转笼干燥
⊡•••	tumble dry with high heat	高温转笼干燥
⊗	do not tumble dry	不可转笼干燥

	hang dry	悬挂晾干
	dry flat	平放晾干
	line dry	洗涤
	wash with cold water	冷水机洗
	wash with warm water	温水机洗
	wash with hot water	热水机洗
	handwash only	只能手洗
	do not wash	不可洗涤

表 3－2　其他常用的衣物洗涤标志

手洗须小心	只能手洗	可用机洗	可轻轻手洗不能机洗，涤液温度应30℃以下	水温 40℃，机械常规洗涤	水温 40℃机械弱常规洗涤	水温 40℃，洗涤和脱水时强度要弱
最高水温 50℃，洗涤和脱水时强度要逐渐减弱	水温 60℃，机械常规洗涤	最高水温 60℃，洗涤和脱水时强度要逐渐减弱	不能水洗，在湿态时须小心	可以熨烫	熨烫温度不能超过 110℃	熨烫温度不能超过 150℃
熨烫温度不能超过 200℃	需垫布熨烫	需蒸汽熨烫	不能蒸汽熨烫	不可以熨烫	洗涤时不能用搓板搓洗	适合所有干洗溶剂洗涤

续　表

仅能使用轻质汽油及三氯氟烷洗涤,干洗过程无要求	仅能使用轻质汽油及三氯氟烷洗涤,干洗过程有要求	适合四氯乙烯、三氯氟甲烷、轻质汽油及三氯乙烷洗涤	干洗时间短	低温干洗	干洗时要降低水分	不能干洗
可以在低温设置下翻转干燥	可以常规循环翻转干燥	可放入滚筒式干衣机内处理	不可放入滚筒式干衣机内处理	可以用洗衣机洗,但必须用弱挡洗	不能使用洗衣机洗涤剂	悬挂晾干
使用30℃以下洗涤液,机洗用弱水或轻轻手洗,用中性洗涤剂	使用40℃以下洗涤液,可机洗也可手洗,不考虑洗涤剂种类	使用40℃以下洗涤液,机洗用弱水流也可轻轻手洗,中性洗涤剂	使用60℃以下洗涤液,可机洗也可手洗,不考虑洗涤剂种类	使用95℃以下洗涤液,可机洗也可手洗,家用洗衣机不可承受	平摊干燥	阴干
滴干	可以氯漂	不可以氯漂	可以拧干	不可以拧干	衣物需挂干	衣物需阴干

4. 衣物洗涤基本步骤

（1）准备阶段——分类；

（2）前处理阶段——冲洗与预洗；

（3）核心去污阶段——主洗与漂白；

（4）漂洗阶段——过水；

（5）后处理阶段——柔软、中和、增白；

（6）脱水阶段。

第二节　衣物洗涤

学习单元一　衣物洗涤技术

 学习目标

➢ 掌握基础手洗步骤。
➢ 能根据不同情况选择相应洗涤用品进行手洗。
➢ 能根据不同衣物面料采用相应的手洗方法。
➢ 掌握基础洗衣机清洗方法。
➢ 能根据不同的衣物选择相应的洗衣机洗涤时间和次数。
➢ 掌握不同鞋类的洗刷方法。

知识要求

一、基础手洗步骤

基础手洗主要分为四个步骤,衣物的分类→衣物的浸泡→衣物的洗涤→衣物洗后处理。以下根据洗涤用品分类进行介绍。

1. 洗衣皂洗衣

（1）衣物的分类

① 将深色易褪色的衣物（如黑色、红色、深蓝色）和浅色的衣物（如白色、淡黄色）分开；

② 外衣和内衣要分开。

（2）衣物的浸泡（冲洗）

衣物在放洗涤剂洗涤前,先用清水浸泡使水充分渗透衣物,使纤维充分膨胀,并可以把砂土、灰尘等存在于衣物表面的污垢除去,为后面的洗涤做好准备。

（3）衣物的洗涤

用肥皂按照一定的顺序,如从上到下或者从左到右的顺序将衣物抹一遍,衣物较脏部位多抹点,不太脏部位少抹点,然后开始揉搓衣物,用肥皂的量以出泡沫为宜。上衣的重点洗涤部位是领口、前襟、袖口部分,裤子的重点洗涤部位是屁股、膝盖和裤口部分,这些部位可适当多抹些肥皂,有脏的印迹要加力反复揉搓,直到干净为止。最后将衣物上的泡沫尽量挤干。

如果是纯毛毛衣、真丝衣物应用专门的丝毛洗涤剂洗涤,具体方法如下:

① 纯毛衣物。纯毛衣物以羊毛纤维为主,具有遇水后在力的作用下产生"缩绒性"和"可塑性"的特点,因此洗涤温度应控制在 40℃ 以内;洗涤时不能用力揉搓,最好采用刷洗的方法,即使用较软的刷子,垫上板顺着面料的纹路,轻而均匀地刷洗,洗涤后不能拧绞,应采用挤按法。

② 丝织衣物。丝织衣物洗涤时容易褪色,尤其是水温度高褪色会更严重,并使天然光泽受到影响,所以在洗涤时温度应控制在 35℃ 以下,轻轻地揉搓,脱水时不能拧绞。

清洗衣物一般为 3 次,清洗时应揉搓衣物直至将上面的泡沫除去,每次洗完要将衣物拧干。为了节约用水,可将不褪色的衣物先洗,褪色的衣物接着洗。

(4) 衣物的洗后处理

衣物洗涤后在光泽、手感等方面均会受到影响,使用柔软剂进行浸泡后,可使衣物有良好的光泽、手感、舒适度和蓬松度。

2. 洗衣粉(洗衣液)洗衣

(1) 衣物的分类

同洗衣皂洗衣。

(2) 衣物的浸泡

根据衣物量注入清水,水温一般不超过 30℃,按照洗衣粉(洗衣液)包装上的用量放入适当的洗衣粉(洗衣液),搅匀后放入衣物,浸泡 10 分钟左右。

(3) 衣物的洗涤

洗涤方法基本同洗衣皂洗衣。根据衣物肮脏的程度决定揉搓的力度和时间,对上衣的领口、前襟、袖口部分和裤子的屁股、膝盖和裤口部分应重点关注,不能轻易去掉的印迹要单独抹少量洗衣粉(洗衣液)或者肥皂加力揉搓,直到干净为止。最后将衣物上的泡沫尽量挤干。由于使用洗衣粉(洗衣液)不易掌握用量,很容易出现泡沫过多的情况,如果清洗 3 次都没有将泡沫完全除去,应增加清洗次数,不要留下洗衣粉的白色泡沫,那样的话浅色的衣服干了之后会出现痕迹。

(4) 衣物洗后的处理

同洗衣皂洗衣。

二、基础洗衣机清洗方法

基础洗衣机清洗主要分为五个步骤,衣物的分类→衣物的浸泡、冲洗→衣物的主洗→衣物的投漂→衣物洗后处理。具体操作如下:

1. 衣物的分类

同手洗。

2. 衣物的浸泡、冲洗

(1) 衣物的浸泡。衣物的浸泡是用清水对需洗涤的衣物进行浸泡,使水充分渗透进衣物的纤维中,在主洗之前使衣物膨胀,增强衣物的洗涤效果。各种衣物的浸泡时间,要根据衣物的分类及染色牢固程度而定。

（2）衣物的冲洗。衣物的冲洗目的是将附着在衣物表面能溶于水的污垢与衣物脱离，从而节约洗涤剂。一般衣物的冲洗时间为 1.5～3 分钟，再看冲洗水的浑浊程度定冲洗次数。

3. 衣物的主洗

衣物的主洗是衣物洗涤的主要阶段，是以水、洗涤剂和衣物的物理化学作用，通过洗衣机的机械运动的复杂过程，以及洗涤设备作用力、水的温度、洗涤剂的密切配合，达到去掉衣物污垢的目的。主洗时间的确定，要根据衣物的分类而定，在不伤害衣物色泽与纤维结构的基础上，最大限度地去除衣物污垢。

4. 衣物的投漂

衣物的投漂是将主洗后的衣物中残存的洗涤剂和含有污垢的洗涤液，向水中扩散的过程。衣物和水混在一起，通过洗衣机的机械运动将衣物投漂干净。衣物的投漂的时间和次数，应根据衣物的分类和吸湿性而定。

5. 衣物的洗后处理

衣物的洗后处理是解决衣物在水洗后手感较粗糙，合成纤维衣物绝缘性高，摩擦系数较大，易产生静电，使人皮肤感到不舒服等问题。方法是在衣物投漂干净后，放入柔软剂再进行一次冲洗。

 小贴士

衣物洗涤注意事项

1. 手工洗衣

手洗衣物首先应做到衣物勤洗、勤换。正确的洗涤方法是：

（1）先用温水浸泡脏衣物，但浸泡时间不宜过长，让衣物充分湿透，尤其是特别脏的衣物，泡的时间越长越难清洗。衣物一般浸泡 15 分钟左右，水温不超过 40℃。

（2）洗涤衣物要有重点，领口、袖口一般比较脏，应多加些洗涤剂，重点揉搓，直到洗净为止。

2. 洗衣机洗衣

（1）放衣前，应检查衣服口袋，看是否有钥匙、小刀、硬币等金属物品，这些硬东西不要随衣服放进洗衣机内。

（2）每次洗衣的重量不要超过洗衣机的额定容量，否则由于负荷过重可能损坏电机。

（3）严禁将刚用汽油等易燃液体擦洗过的衣服，放进洗衣机内洗涤。更不能为除去油污，向洗衣机内倒汽油。

（4）应遵循先洗新衣物，后洗旧衣物的规律。因为棉毛衣物易掉毛，若用洗过棉毛衣物的水再洗深色衣物，掉下的毛屑就会粘在深色衣物上，衣物干后就很难刷洗掉。

三、鞋类洗刷

1. 皮鞋的清洁（见图 3-13）

（1）先用布将鞋面、鞋底、鞋跟的尘土擦去。

（2）根据不同鞋面颜色选择鞋油，用鞋刷将鞋油均匀地涂在鞋面上。

（3）用小毛刷将鞋沿刷干净，也涂上鞋油。

（4）用布反复擦鞋面，直到光亮为止。

图 3-13　皮鞋的清洁

2. 布鞋、球鞋的清洁（见图 3-14）

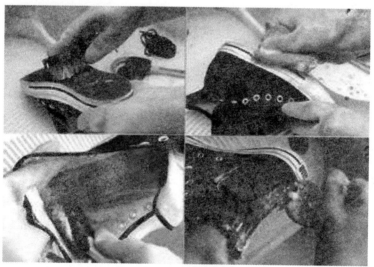

图 3-14　球鞋的清洁

（1）清洁准备

① 准备刷鞋的硬毛刷、软毛刷。

② 准备好刷鞋的盆和水。

③ 准备好洗涤皂液或洗衣粉。

④ 将鞋带解下，鞋内的渣土倒干净。

（2）清洁

① 用干爽的硬毛刷按照鞋的外面、鞋帮、鞋外底的顺序依次将浮灰和尘土刷净。

② 将鞋带沾上皂液揉搓干净，放在一边等待漂洗。

③ 将鞋整个浸泡在水中。

④ 将鞋拿起，把皂液或洗衣粉均匀地涂在鞋内底、鞋面上，用软毛刷按照先里后外、先上后下、先鞋面后鞋帮的顺序反复刷洗，直至干净为止。

⑤ 用同样的方法清洗鞋底，然后将鞋的水沥干。

⑥ 换清水将鞋带和鞋反复清洗，直到清洗干净，没有皂液残留为止。

⑦ 将鞋上的水沥干，把物品放回原位，将地面打扫干净。

（3）晾晒

① 将鞋带晾在晒衣杆上。

② 将鞋倾斜晾在晒台上或者用专用鞋架晾晒。

③ 将晾晒好的鞋带穿在鞋帮上，并且给鞋整形。

 小贴士

鞋类洗刷注意事项

1. 鞋带和鞋一定要分开清洗，否则会清洗不干净或相互染色。

2. 鞋子在下水前要将外部尘土清洁干净。

3. 鞋带在晾晒时要打个结，以防止掉在地上和被风吹跑。

4. 布鞋和球鞋如果是花色的，在晾晒时要盖上一层白纸，以防掉色。

学习单元二　衣物晾晒方法

学习目标

➤ 掌握不同质地衣物的晾晒方法。

知识要求

衣服不仅要洗得干净，还要会晒（见图3-15）。可对大多数人来说，只注重了衣服怎样洗，晒衣服则是随便晒，其实，只有根据不同面料、不同颜色采取不同的晾晒方法，衣服才能保持不变形、不掉色，才会有长久的生命力。

图 3-15　衣服的晾晒

一、丝绸衣物

洗好后要在阴凉通风处自然晾干,并且最好反面朝外,因为丝绸类服装耐日光性能差,所以不能在阳光下直接暴晒,否则会引起织物褪色、强度下降。颜色较深或色彩鲜艳的衣物尤其要注意这点。另外,切忌用火烘烤丝绸衣物。

二、纯棉、棉麻类衣物

这类衣物一般都可放在阳光下直接晾晒,因为这类纤维在日光下强度几乎不下降,或稍有下降,但不会变形。不过,为了避免褪色,最好反面朝外。

三、化纤类衣物

化纤类衣物不宜在日光下暴晒。因为腈纶纤维暴晒后易变色泛黄;锦纶、丙纶和人造纤维在日光下暴晒,纤维易老化;涤纶、维纶在日光作用下会加速纤维的光化分解,影响面料寿命。所以,化纤类衣物以在阴凉处晾干为好。

四、羊毛衫、毛衣等针织衣物

为了防止该类衣物变形,可在洗涤后把它们装入网兜,挂在通风处晾干(见图 3-16);或者在晾干时用两个衣架悬挂,以避免因悬挂过重而变形;也可以用竹竿或塑料管串起来晾晒;有条件的话,可以平铺在其他物件上晾晒。总之,要避免暴晒或烘烤。

图 3-16　羊毛衫、毛衣等针织衣物的晾晒

小贴士

衣物晾晒小技巧

1. 衣物晾晒最佳时间：晾晒衣物的最好时间是上午 10 点到下午 4 点，尤其是中午 12 点到下午 3 点，此时紫外线功效最强。衣物的晾晒时间不宜过长，一般 3 个小时就能起到作用。

2. 衣物晾晒防皱法：衣服在洗衣机里脱完水后，最好马上取出晒干，因为衣服在洗衣机中放置时间过长，容易褪色和起皱。其次，将衣服从洗衣机中取出后，要马上甩动几下，防止起皱。另外，衬衫、罩衫、床单等晾干之后，通过拉展轻拍，也可防皱。

学习单元三　衣物洗涤小妙招

 学习目标

➤ 掌握泛黄衣物洗白的方法。
➤ 能够区分衣物不同类型的污渍。
➤ 掌握各种污渍的清洗方法。

知识要求

一、泛黄衣物变白小妙招

将泛黄的衣服浸泡在洗米水或是烧煮后的橘子皮水中一段时间，然后搓洗就可以轻松地让衣服恢复洁白。

对于流汗产生的黄渍，可用氨水去除，具体方法如下：在洗涤时加入约 2 汤匙的氨水，浸泡几分钟后，然后按照一般的洗衣程序搓洗，再用清水洗净，即可清除汗渍。

二、各种污渍清洗小妙招

1. 油渍

（1）机械油污渍：在污迹的两面衬上卫生纸（或滤纸），用熨斗熨烫，使油污先被吸去一部分，再用软布或软毛刷蘸汽油擦刷。如果油污不是很严重，还可以在衣物没被浸泡前，用肥皂搓洗，去除油污。

（2）食用油污渍：用软布或软毛刷蘸汽油擦拭，先轻后重，从油污的外沿开始往中心擦刷，擦洗的范围应比油渍点略大些，待油渍擦干净后，再用毛巾或干布将汽油的痕

迹擦干。

(3) 鞋油渍、圆珠笔油渍：用汽油、松节油或酒精揉搓去除污渍,再用温水洗净。

(4) 蜡烛油渍：先用刀片轻轻刮去衣物表面凸起的蜡,然后将衣服平放在桌子上,让带有蜡油的一面朝上,在油渍上下垫卫生纸(或滤纸),用熨斗反复熨几下,使蜡烛油熔化被衬纸吸走。

2. 食物污渍

(1) 醋渍、酱油渍：应立即用冷水搓洗,再用洗涤剂洗涤。注意不能用热水浸泡。

(2) 水果渍、瓜汁渍：应及时浸入食盐中搓洗,再用洗涤剂洗涤。

(3) 菜汁、汤汁、调味汁渍：先用汽油揩拭,等衣物表面的油脂擦去后,再用洗涤剂洗涤。如果是新渍,可立即泡入冷水中,涂上肥皂揉搓去除。

(4) 酒渍、饮料渍：可以用酒精加甘油擦拭。如果是红葡萄酒溅到衣服上,应先用食盐搓洗,再用洗涤剂或肥皂洗涤。

(5) 牛奶、乳制品渍：先用蘸过热水的布轻轻擦拭,尽量把残留的油脂擦去,再用洗涤剂洗涤。如果不能洗干净,可再用酒精擦拭。

(6) 咖啡渍、茶渍：先用冷水浸泡,再用温洗涤液洗涤。如果是新渍,应先用肥皂或洗涤剂搓洗,然后用水漂洗。

(7) 冰淇淋渍、巧克力渍：先用小刷子把干的部分刷掉,再用毛刷蘸洗涤剂刷洗。

(8) 口香糖渍：一般很难去除,可用松节油擦拭,或者用一块冰在口香糖上压一会儿,再去除。

3. 化妆品渍

(1) 口红渍、胭脂渍、眉笔渍：先用薄纸以蘸的方式轻轻擦拭,再用汽油由污渍的外沿开始向内擦刷,最后用温洗涤液洗涤。

(2) 指甲油渍：先用汽油擦洗,然后用洗涤剂洗涤。

(3) 染发水渍：可以先用弱碱去除,再拿拧干的毛巾蘸肥皂擦拭即可。如果是较难除去的陈渍,可以用温甘油刷涂污迹处。

(4) 香水渍：可以用酒精擦去。

4. 尿渍、汗渍、血渍、呕吐物渍

(1) 尿渍：新尿渍用温水即可洗除。

(2) 汗渍：用冬瓜汁或生姜汁搓洗,再用清水漂净即可去除汗渍。还可以把衣服放入 3% 的盐水中浸洗,最后用冷水漂洗干净。

(3) 血渍：新的血渍,应立即用冷水搓洗,再用肥皂或洗衣粉洗涤,切忌用热水洗涤。

(4) 呕吐物渍：可先用汽油擦拭,然后用清水漂净。

5. 墨渍

新墨渍应趁湿用清水漂去墨迹,然后用温洗涤剂洗涤。如果洗不干净,可以用一勺米饭或米粥加盐反复揉搓,再用洗涤剂洗涤。

6.霉渍

有霉斑的服装应先在透风处晾晒,等干燥后再用刷子刷,剩下的霉渍可用肥皂或酒精擦去。

（阮美飞　徐　萍）

第四章　家用电器使用与保养

　　作为家务助理员，一定要学会基本的家用电器使用、保洁方法。同时一旦家用电器的插线、插头或者煤气管阀门等出现问题，或电线绝缘层老化、破损、影响使用时，家务助理员要立即告诉雇主以便能够得到及时的更换、修理和维护。

　　在分门别类叙述家用电器前我们来看一下其基本的使用原则：
- 面对多样的家用电器，首先必须认真阅读其使用说明书；
- 电器或电线沾水后，要使其完全干透后再插电使用；
- 家用电器在使用过程中如果出现故障，要立即切断电源；
- 家用电器通电过程中，除吸尘器外，禁止移动；
- 电器使用完毕后，切记要先关掉开关，再拔掉插头；
- 拔掉电器插头时，不要用手触碰电器的任何金属部位。

　　处于高科技时代的我们，每天都会和各种各样的家用电器打交道。我们在使用过程中，必须要注意用电安全，采用安全的电源插头。同时也要给长期不使用的电器做好保养工作，防止电器过早老化影响其使用寿命。

　　家用电器在使用完毕后，要及时切断电源。如发现电器设备有故障或漏电起火，要立即断开电源开关；在未切断电源前，不能使用水或酸、碱泡沫灭火器灭火。如果发现有人触电，应赶快切断电源或用干燥的木棍、竹竿等绝缘物将电线挑开，使触电者马上远离电源。如触电者昏迷，呼吸停止，应立即进行人工呼吸，并尽快送医院抢救。长期不用的电器，最好每个月定期通电、通风2～3小时，以防电器部件受阻，影响使用寿命。

　　清洁电器时，要注意切断电源，再选用干净的抹布进行清洁，不要让水渍浸透到电器内部，同时整个清洁过程都要十分小心谨慎。

第一节　客厅家用电器使用与保洁

学习单元一　电视机

 学习目标

➢ 了解电视机的使用方法。

> 能够进行电视机保洁。
> 掌握电视机基本注意事项。

知识要求

一、电视机使用方法

电视机(见图4-1)使用方法大同小异。

1. 插上电源；

2. 打开电视机开关键,并打开数字信号接收器,选看节目；

3. 在观看完节目后,应同时关闭电视机和数字信号接收器电源。

图4-1　电视机

二、电视机保洁

1. 拔掉电源并确认电源线已断开；

2. 用干净软布擦拭屏幕(见图4-2)；

3. 打开电视,检查有无出现故障即可。

图4-2　电视机保洁

三、电视机注意事项

1. 不能长时间开着电视机；

2. 为保证电视机机体散热,电视机上不能放置物品;

3. 在收看电视节目时,不宜擦拭屏幕;

4. 遇到下雨打雷天气,最好不打开电视机;

5. 电视机不宜频繁开关;

6. 关电视机不能采取拔插头的方法;

7. 电视机开机或使用中,有焦煳味、冒烟等现象出现,要立即拔下电源线,等待专业人员排除故障后再行观看。

学习单元二　饮水机

 学习目标

➤ 了解饮水机的使用方法。

➤ 能够进行饮水机保洁。

➤ 掌握饮水机基本注意事项。

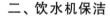 知识要求

一、饮水机使用方法

1. 将饮水机(见图 4-3)放置在平坦的地方;

2. 将水桶的瓶盖、标签撕掉,把水桶倒放置在进水口上;

3. 将饮水机的电源插头插上,打开电源开关即可。

图 4-3　饮水机

二、饮水机保洁

饮水机在首次使用时必须进行消毒处理,之后每个月最好进行一次消毒,以保证系统内部没有细菌,使饮水更加安全。同时家务助理员在进行饮水机的保洁工作时,最好将其先行搬至不怕潮湿、可以洒水的地方,以免造成客厅等地方的水渍过多,下面来学习一下饮水机的保洁知识。

饮水机的保洁步骤:

1. 拔掉电源,取下水桶,打开饮水机后面的排污管,排出余水,并打开冷热水管排出余水;

2. 取下"聪明座"(饮水机内接触泉水桶的部分),用酒精棉全面擦洗;

3. 将事先用去污泡腾片配置的消毒水灌入饮水机内,通电并使消毒水在饮水机内停留 10～15 分钟;

4. 打开饮水机的饮水开关;

5.用清水持续冲洗饮水机整个机身,直至将消毒液残液冲洗干净为止;

6.用干净的布擦机身,同时将饮水机放置在通风处阴干,放回原位并插好电源继续使用。

三、饮水机注意事项

1.在饮水机工作时,要注意不要让儿童在其周围玩耍,以避免烫伤儿童;

2.饮水机必须进行定期消毒,以免造成饮用水的二次污染;

3.在饮水机的清洁做完后,要反复用清水冲洗以免留下消毒液残液。

学习单元三　空　调

学习目标

➢ 了解空调的使用方法。

➢ 能够进行空调保洁。

➢ 掌握空调基本注意事项。

知识要求

空调(见图 4 - 4)按照其结构可分为立式和挂式。这里的使用方法主要针对立式空调。

图 4 - 4　空调

一、空调使用方法

1.若长时间没有使用,首先要清洗空调过滤网;

2.使用前要先关闭门窗;

3.插电源后按功能键,使空调进入工作状态;

4.根据需要选择空调温度、风向、风速;

5.开空调时间不宜过长;

6. 注意室内外的温差不宜超过 10℃；

7. 使用空调时,注意出风口处不要有衣物、窗帘等物；

8. 在开机时先将空调设置到高冷状态,在最快时间内达到降温目的,当温度适宜时再改为中低风,设定室温时一般室内外温差也不要超过 7℃；

9. 关掉空调后,切忌立即再开启使用,待 5 分钟后才能开启。

二、空调保洁

1. 切断空调电源,并拔下空调电源；

2. 将空调表面面板打开,并将隔尘网拿出来,用吸尘器吸尘或清水冲洗；

3. 若发现隔尘网积尘过多,可用少量清洁剂清洗,放在阴凉处晾干后装回；

4. 直接用软布擦拭空调外壳；

5. 插上电源,继续使用。

三、空调注意事项

1. 开空调时间不宜过长；

2. 禁止在房间内吸烟；

3. 空调出风口要避免衣物、窗帘等物的阻挡；

4. 长时间不用时,要将电源插头拔掉,将其擦干净,套上空调罩防止落灰。

学习单元四 吸尘器

学习目标

➢ 了解吸尘器的使用方法。

➢ 能够进行吸尘器保洁。

➢ 掌握吸尘器基本注意事项。

知识要求

吸尘器(见图 4-5)不仅可用于清扫地面,还可以清除地毯、墙壁、家具、衣物等的灰尘。随着生活中吸尘器的普遍使用,家庭助理员需要知道吸尘器的正确使用方法。

图 4-5 吸尘器

一、吸尘器的使用步骤

1. 使用吸尘器前首先要检查集尘袋(箱)是否清洁干净;

2. 接好电源;

3. 拿稳吸尘管,启动吸尘器;

4. 吸尘器启动后,用吸尘管头对准有垃圾或脏污的地方;

5. 若1小时内还未完成工作,要停止使用,待机器休整十几分钟后再行使用;

6. 在积尘指示器接近满尘时立即停止吸尘器工作,进行清灰处理;

7. 清尘工作结束后,断电;

8. 将吸尘器中的垃圾倒出,再将滤网装回;

9. 将吸尘器收好。

二、吸尘器保洁

1. 每次使用完后都要将吸尘器集尘袋内(见图4-6)的垃圾倒掉,并用软刷将集尘袋上的灰尘轻轻扫掉;

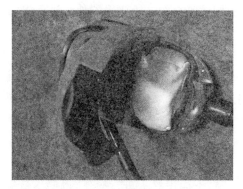

图4-6　吸尘器的集尘袋

2. 对吸尘器机身进行清洁,直接使用干净湿抹布蘸弱碱性清洁剂进行擦抹即可;

3. 用干布擦拭干净即可完成清洁工作,吸尘器切记不能使用汽油或化学清洁剂清洗,否则会引起吸尘器外壳变形。

三、吸尘器注意事项

吸尘器是否正确操作直接影响着吸尘器的使用寿命,因此在使用吸尘器时要注意以下事项:

1. 长时间不用的吸尘器在使用前要进行检查,检查其各连接处的紧密程度;

2. 不同场合的吸尘工作可选用不同的吸尘器吸嘴;

3. 吸尘器不能清扫有水的污物处;

4. 吸尘器不能清扫潮湿的烟灰、金属碎片、泥土等;

5. 吸尘器使用过程中不要大力拖拉吸尘器,以防止损坏;

6. 吸尘器使用过程中,若出现煳味等要立即停止使用,进行故障排查;

7. 要经常清除滤清器和集尘袋内的灰尘和杂物;

8. 将其放在干燥的地方进行保存;

9. 吸尘器工作持续时间不能过长。

学习单元五　吸尘器使用小妙招

➤ 了解吸尘器在使用过程中的小妙招。

吸尘器作为家具清洁的好帮手,就如同我们的好朋友,如何在使用过程中更好地保养吸尘器呢? 在这里,我们就来介绍一下吸尘器使用过程中的小妙招吧。

一、使用前

1. 首先必须要仔细阅读吸尘器的使用说明书,了解其正确的使用方法。

2. 每次使用前最好都检查一下集尘袋,保证里面垃圾全部清空。同时也要及时清理集尘袋中的灰尘,以免因为灰尘过多而使其进气量过小,影响吸尘器的清洁功能。

二、使用中

1. 使用时(见图 4-7),不能用湿手进行操作,也要尽量避免对电源线和软管的踩踏,以避免造成电源线受损。

2. 使用中不要猛拉吸尘器的电源线,防止出现故障。

图 4-7　吸尘器使用

3. 每次使用最好不要超过 1 小时,防止电机因过热而被烧坏;

4. 吸尘器会附带有多种功能的吸嘴,我们要根据不同的场合选用不同的吸嘴,使得吸尘器发挥出其最佳的性能。

三、使用后

1. 清洁结束后要先切断电源,再清除灰尘。

2. 过滤袋如可以清洗最好选用中性肥皂水清洗;若过滤袋为纸质过滤层,只能选用拍击法来清除灰尘。

3. 吸尘器必须保证存放在干燥的地方,以防止内部零件因受潮而引起使用故障。

这样的使用妙招,能够让吸尘器更好地工作,同时也能够延长吸尘器的使用寿命,家务助理员在工作的时候应多注意这些技巧。

第二节　厨房、卫生间家用电器使用与保洁

学习单元一　冰　箱

学习目标

➤ 了解冰箱的使用方法。

➤ 能够进行冰箱保洁。

➤ 掌握冰箱基本注意事项。

知识要求

冰箱(见图 4-8)分为冷藏室和冷冻室,因空间有限,里面物品要进行合理摆放。

一、冰箱使用

1. 分门别类储藏物品

(1) 生食、熟食要分开存放;

(2) 存放物品时要使物品之间留有一定空隙;

(3) 鲜鱼、鲜肉等生食要用保鲜袋包好后放入冷冻室贮藏;

(4) 瓶装饮料放在冷藏室内,不能放置于冷冻室以防

图 4-8　冰箱

止饮料冻裂;

（5）食物不宜和化学药品同时储存;

（6）食物存放时间不应超过一周,冷热食物不宜放在一起;

（7）热食物要等冷却后,用带盖的容器保存或加保鲜膜封好后再放入冷藏室贮藏;

（8）在冰箱放置中药材时,要密封好;

（9）存放食物不宜过满,要留有空隙以利于冷空气的对流,从而节省电量。

2.合理调节温度

（1）冰箱内温度要根据季节、环境温度、物品使用等情况来调节;

（2）尽量减少开门次数,缩短存取时间,使温度恒定;

（3）冰箱门要关紧,以保证冰箱内低温环境;

（4）若食物需保存较长时间,冷冻温度可调低些;

（5）如食物只放两天,就不必调得过低;

（6）−6℃时食物可保鲜一周左右。

二、冰箱保洁保养

冰箱在使用6～8周后就应该对其内部进行清洗,以免过于脏污,使得细菌横生。当然,在日常使用过程中也应该对其进行日常保养工作。

1.日常清洁

（1）平时使用过程中就应保证冰箱内部的卫生清洁,随时对冰箱内看得见的污渍等进行擦拭;

（2）若发现冷藏箱内的霜达到5mm的时候要进行冰箱除霜（见图4-9）。将冰箱冷藏箱内物品拿出来,然后用热毛巾敷在冰上,反复几次后,霜层就会融化,也可以在容易结冰的地方事先用食用塑料薄膜贴起来,这样在进行清理时直接将塑料薄膜揭掉即可。

图4-9　冰箱除霜

2.定期清洁（见图4-10）

（1）对冰箱进行彻底清洁前,要先将冰箱内物品拿出来,同时也要保证冰箱的电源插头已经拔掉;

（2）可以将冰箱内储物盒等抽取出来，用洗洁精和清水反复冲洗干净，然后再用干布擦干后放回冰箱内；

（3）对冰箱内的清洁可以用湿布蘸洗洁精擦洗，再用蘸了清水的干净湿布反复进行擦拭，直至洗洁精被擦拭干净为止；

（4）冰箱外壳可用湿布进行擦洗，切记不能采用洗衣粉或碱性洗涤剂对冰箱进行清洁，也不能用刷子刷洗冰箱，以免造成对冰箱的腐蚀和刮痕；

（5）对冰箱底部地板上的垃圾和尘土可以用扫帚清扫干净后再用拖布进行深度清洁；

（6）清洁工作彻底完成后要打开冰箱门，直至冰箱内充分干燥后，再重新将物品放回至冰箱内并插上电源。

图 4-10　冰箱清洁

🏅 **小贴士**

冰箱除异味，可以尝试将干净的润湿后的纯棉毛巾放入冰箱冷藏室上层网架的一侧，就能吸收异味；将食醋倒入敞口瓶中放入冰箱内，也能除味。

三、冰箱注意事项

1. 应当将冰箱放置于厨房或客厅的干燥通风处。

2. 冰箱内任何食物都不能放置太长时间，要及时处理冰箱内食物。

3. 为避免冰箱内出现异味，可以在冰箱内放入冰箱除臭剂。

4. 为保证冰箱内食品卫生安全，要注意使用容器或保鲜膜进行密封，分隔放置。

5. 要保证冰箱与墙壁之间有适当距离，以利于通风散热。

6. 冰箱有异味，可将新鲜橘子皮放入，或者放一小杯啤酒。

7. 清洁冰箱前必须保证电源断开。

🏅 **小贴士**

冰箱除霜小技巧：可直接打开冰箱冷冻室门，拿吹风机直接往里吹热气；可在冷冻室内壁上贴一块塑料膜，除霜时，把塑料膜揭下

来即可;也可在冷冻室里放盆开水除霜,注意此时若冰箱冷冻室内顶部没有金属蒸发板,盛放水的器皿要盖上盖子。

学习单元二　微波炉

学习目标

➤ 了解微波炉的使用方法。
➤ 能够进行微波炉保洁。
➤ 掌握微波炉基本注意事项。

知识要求

一、微波炉的使用步骤

1. 将要加热的食品放在非金属容器内,然后将容器放在转盘上(见图4-11)。
2. 轻轻关上炉门,插上电源。
3. 调整加热功能和时间。
4. 开始加热,等待微波炉工作完成。
5. 微波炉停下后,打开炉门取出加热食品。
6. 断开电源,关上炉门。

图4-11　微波炉

二、微波炉保洁

1. 烹调完食物要静等微波炉转盘冷却才能开始进行清洁工作。
2. 微波炉停止使用后,应将炉门敞开,使炉腔内水蒸气蒸发,以利于微波炉的

保养。

3.同时及时对微波炉内部及外部明显污迹进行清理,对于微波炉外壳顽固污渍可以用抹布蘸清水或稀释的清洁剂进行擦洗。

4.轻轻擦拭炉门的密封面,用软布蘸洗涤剂清洁并用干净软布擦干。要注意,进行微波炉擦拭的湿布要尽量拧干水,以防止水渗入微波炉缝隙中。

5.发现炉膛通风孔有异物时,可用针状工具及时清除。

6.若发现炉内有异味,可将一碗水加几匙柠檬汁在炉内煮5分钟,然后用湿布擦拭内壁即可除味。

7.最后用干布擦拭干净即可。

三、微波炉注意事项

1.微波炉不可以使用金属器皿、带有金属装饰的器皿、陶瓷器皿、易碎器皿、采用黏合方式制作的器皿、内壁涂有色彩或涂有油漆的器皿。

2.不要将微波炉放置在高温潮湿的地方或靠近磁场的地方。

3.不要将微波炉放置在离水池太近的地方。

4.不能空载使用微波炉,可以在炉内备一碗水,使用时拿出来,等食物加热完后再将水放入(见图4-12)。

图4-12　微波炉使用

5.微波炉使用过程中,人要远离炉体,同时也不要用眼睛贴近微波炉观察其工作,以免人体遭受微波炉辐射。

6.所有密封食物如袋装、瓶装、罐装食品,带壳食品(如鸡、鸭、鹅、蛋),不宜直接加热,以免在微波炉内爆炸。

7.冷冻食品加热,需要先解冻再进行烹调,以免出现食物外部熟透中间未解冻的现象。

8.加热食物如有覆盖保鲜膜的,需要在保鲜膜上留有小孔,防止事故发生。

9.大件食物加热时可在加热一段时间后,将食物翻个身再进行加热,以使食物能够均匀受热。

10.若微波炉炉内食物着火,不要立即打开炉门,要立即拔掉电源线,等火熄灭后再处理。

11. 不要直接将食物放在转盘上;不能将冷食物或冰冷器皿直接放在热的转盘上。

12. 微波炉不用时要将定时器旋转到"停"的位置。

13. 不能使用微波炉空间存储物件。

学习单元三 电饭锅

> 了解电饭锅的使用方法。
> 能够进行电饭锅保洁。
> 掌握电饭锅基本注意事项。

知识要求

一、电饭锅使用

1. 检查电饭锅(见图 4-13)内胆外锅是否有水渍,如果有要将水渍擦干净;

2. 在锅内放入待煮食物,并加入适量水;

3. 将内胆左右转动几次,盖上锅盖,插上电源并按下煮饭键;

4. 饭煮熟后,关闭电源;

5. 等 10 分钟后再打开锅盖,以保证食物熟透。

图 4-13 电饭锅

二、电饭锅保洁

电饭锅的保洁,要分成内、外锅两部分进行保养和清洁工作。

1. 内锅清洗(见图 4-14)

(1) 内锅脏污主要是煮饭后黏在锅底的饭粒,米粒黏在锅底难以清理,我们为了保护涂层可以先用清水浸泡内胆几分钟;

（2）浸泡数分钟后,用厨房专用洗碗布轻轻擦洗内胆;

（3）清洗完毕后用干洗碗布将内胆完全擦干后再放入电饭锅内。

图 4 - 14　内锅清洗

2.外壳清洗

（1）一般性污迹包括因煮饭溢出而造成的污物和饭粒,使用湿抹布擦干净即可,难以清除掉的污迹可以用蘸有洗洁精的湿抹布进行擦拭保持其干净;

（2）外壳锅盖上的活动内锅盖塞和可以拆卸下的内盖(见图 4 - 15)拆下来用清水冲洗干净,若有油污或污迹不容易擦拭的,可使用添加了洗涤剂的洗涤剂水清洗,并用干净的抹布将其擦拭干净并装回到电饭锅上;

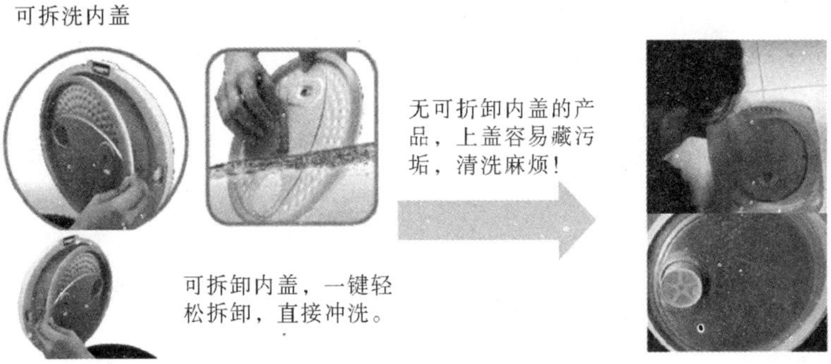

可拆洗内盖

无可折卸内盖的产品,上盖容易藏污垢,清洗麻烦!

可拆卸内盖,一键轻松拆卸,直接冲洗。

图 4 - 15　可拆卸内盖

（3）电饭锅的锅盖、气口的污渍用湿抹布直接擦抹即可;

（4）将电饭锅储水盒拆下来,把里面的污水倒掉并用清水冲洗干净,擦干后装回电饭锅即可;

（5）将电饭锅放回原位。

三、电饭锅注意事项

1.不要用内锅直接淘米;

2.在电饭锅煮饭时,要将锅内米摊平,使米煮出来软硬一致;

3.不要用电饭锅煮酸、碱类食物;

4. 切记不能空烧；

5. 如果电饭锅不是全自动、多功能的,则在其煮粥、炖汤时人不能离开；

6. 为保证安全,做饭时要先放内胆再通电源,做好后要先断电再取内胆；

7. 内锅清洗时不能使用钢丝球和金属铲等硬物进行清洗,以保证保护层的完整和延长锅的寿命；

8. 外壳在进行清洁工作时要注意断开电源；

9. 同时切勿使电器部分和水接触,以防短路和漏电；

10. 外锅不可水洗；

11. 清洁完锅后里外用软布擦干。

学习单元四　抽油烟机

➢ 了解抽油烟机的使用方法。

➢ 能够进行抽油烟机保洁。

➢ 掌握抽油烟机基本注意事项。

一、抽油烟机的使用

1. 将电源插头插入插座内；

2. 启动抽油烟机(见图 4－16),按抽油烟机的"强"或"弱"键,使其开始工作；

3. 做饭结束后,使抽油烟机再行工作 15 分钟；

4. 使用结束后,直接按"关"键,便可使抽油烟机停止工作。

图 4－16　抽油烟机

二、抽油烟机的清洁工作

1. 抽油烟机机体清洗

（1）将抽油烟机关机并将电源切断；

（2）将洗涤剂喷洒在机体表面，并用湿抹布擦洗，以去除粘在表面的油垢（见图4-17）；

图4-17　喷洒洗涤剂

（3）若长时间积起的油垢很难清洗掉，可用强力油污清洗剂喷洒于抽油烟机机身，静置5~10分钟，用湿抹布或卫生纸直接擦拭即可去掉油污（见图4-18）；

图4-18　擦拭油污

（4）最后用干抹布擦拭一遍即可。

2. 抽风扇清洁

（1）首先要把炉头用报纸盖好；

（2）朝抽风扇上喷洒油污专用洗涤剂，并静置5~10分钟；

（3）将温水喷入风扇内，油污水便会流入储油盒内；

（4）如果抽风扇污垢较多，可多次重复上述步骤。

3. 储油盒清洁

（1）将储油盒从抽油烟机上取下（见图 4-19）；

（2）将储油盒内的油污倒入垃圾袋内；

（3）用旧报纸粗粗擦拭一遍储油盒；

（4）将储油盒浸泡于温热的洗涤水内，并用刷子进行刷洗；

（5）用清水冲洗干净储油盒，并用干抹布将其擦拭干净即可。

图 4-19　取下储油盒

三、抽油烟机使用注意事项

1. 在煮饭过程中不要移开炉子上的器皿，以免火焰被抽油烟机直接抽吸，发生危险；

2. 做完饭后，保持抽油烟机再开 15 分钟后再关掉，使油烟充分排除不残留在抽油烟机内部；

3. 清洗时应戴上橡胶手套，以防止金属件伤人；

4. 清洗时，不能选择酒精、香蕉水、汽油等易挥发溶剂，以防引发火灾；

5. 为了保持抽油烟机的性能，要定期对其进行清洗。

四、快速清洁抽油烟机的妙招

1. 随时清洁

要想保持抽油烟机的整洁，就必须在其每次工作完后就对其进行基本的清洁工作。刚关闭抽油烟机时机身还有余热，此时用抹布擦拭其表面，可以轻松擦掉油渍，保持抽油烟机的清洁。

2. 清洁妙招

开动抽油烟机，再次在转叶上方喷除油剂，开动持续 15 分钟左右；用除油剂喷洒抽油烟机的转叶；关机后，取下装油污的油杯即可。如果扇叶外装有网罩，可将其卸下，直接放入热水盆内，将清洁剂喷洒于其表面，然后用清水直接冲洗即可。最后机身清洁时可将去除油渍的清洁剂喷洒于机身上，再用抹布擦拭干净即可。用这种方法清洁抽油烟机最方便，也最快捷，应当掌握此种方法。

学习单元五　煤气灶

 学习目标

➤ 了解煤气灶的使用方法。

➤ 能够进行煤气灶保洁。

➤ 掌握煤气灶基本注意事项。

知识要求

一、煤气灶使用方法

煤气灶(见图4-20)的使用在现代城市中已经慢慢减少,但是也要学会使用。煤气灶的使用方法很简单,就是先打开煤气罐阀门,再打开煤气灶的阀门,用完后,先关煤气灶,然后再将煤气罐阀门关好即可。

图4-20　煤气灶

二、煤气灶的清洁工作

1. 一定要做到将做饭过程中产生的污渍随时用抹布或旧报纸进行擦拭(见图4-21),使灶具随时保持清洁。

图4-21　擦拭污渍

2.如果发现灶具上有顽固污垢,可进行如下操作:

(1)检查煤气灶开关是否关好;

(2)用湿抹布将煤气灶表面浸湿;

(3)用湿抹布或软毛刷子蘸洗涤剂进行刷洗,也可用加有小苏打粉的热洗涤剂进行擦洗;

(4)用干净的抹布擦拭干净即可。

三、煤气灶使用注意事项

1.煤气灶旁不摆放纸张、食用油等易燃物品;

2.使用煤气灶的家庭,厨房要注意经常通风;

3.使用后要检查气阀门是否关好;

4.煤气罐有异味时,要及时进行更换。

学习单元六 洗衣机

➤ 了解洗衣机的使用方法。

➤ 能够进行洗衣机保洁。

➤ 掌握洗衣机基本注意事项。

知识要求

一、洗衣机的使用

洗衣机(见图4-22)有两大类,即滚轮式和滚筒式。无论哪种洗衣机其使用方法都是大同小异的。

图4-22 洗衣机

洗衣机使用步骤：

1. 将脏衣物口袋中的所有物品全部掏空；将小件脏衣物诸如手帕、丝袜等放入洗衣袋内；有拉链的脏衣物将拉链拉好。清理脏衣物并放入洗衣筒内。

2. 检查洗衣机进水和排水管道，并把洗衣机接好电源。

3. 将洗衣粉或洗衣液倒进洗衣筒内。

4. 根据衣物脏污程度选择设置好洗衣程序，启动洗衣机，开始洗衣。

5. 在洗衣过程中不可打开洗衣机盖，静等洗衣完成。

6. 洗好后将衣物从洗衣机内拿出晾晒。

7. 关闭洗衣机电源。

二、洗衣机保洁

正确保养和清洁洗衣机，能够保证洗衣机的正常使用并能有效延长其使用寿命。同时，因为洗衣机主要是内筒进行衣物清洁工作，如果内筒藏有细菌和污垢，会对衣物造成细菌污染，所以对洗衣机的保洁要在保证洗衣机本身不受到损伤的同时进行定期消毒清理工作。

1. 用专用清洁剂进行洗衣机清洁

（1）在每次洗衣机工作后，直接用干布擦洗洗衣机内外的积水和水滴；

（2）洗衣机内部清洁可用洗衣机专用清洁剂，将清洁剂倒入洗衣机机筒内并放入适量清水；

（3）将清洁剂和温水浸泡数小时后搅动洗衣机；

（4）最后用清水反复冲洗几遍洗衣机机筒即可。

2. 用食醋进行洗衣机清洁

如果没有专用清洁剂，也可以用食醋进行洗衣机的清洁：

（1）将半瓶醋倒入洗衣机筒内，并加入适量清水；

（2）静置1～2小时；

（3）打开电源，让洗衣机工作10分钟以使污垢能够完全脱落；

（4）然后用清水加入适量消毒液再次清洗；

（5）最后再用清水冲洗就可以使洗衣机保持清洁了。

三、洗衣机注意事项

1. 在使用洗衣机的过程中，切记不要用湿手去插拔电源插头；

2. 在进行衣物清洗、脱水时，不能将手伸进洗衣筒内；

3. 注意要在洗衣机的规定洗涤重量内清洗衣物，以免损伤洗衣机和衣物；

4. 洗衣工作完成后要用清水清洗洗衣机内筒并用干布擦干洗衣机内外的水渍；

5. 洗衣机不用时要放置在通风干燥的地方；

6. 若在洗衣机工作过程中出现异常声音和气味要立即切断电源，停止使用；

7. 洗衣机使用完后操作板上的按钮一定要恢复至原位，并断开电源；

8.刷洗洗衣机时不要使用强碱、汽油清洁剂,也不要用硬毛刷进行刷洗,以免对洗衣机造成损伤。

学习单元七　热水器

➢ 了解热水器的使用方法。
➢ 能够进行热水器保洁。
➢ 掌握热水器基本注意事项。

一、热水器的使用方法

热水器(见图4-23)有煤气热水器和电热水器之分。因为煤气热水器也不多见,因此本单元主要介绍电热水器的使用方法。

图4-23　热水器

1.排水

如果长期不使用热水器,第一次使用时要先将内胆中的水排空,以防水变质后出现的异味及内胆结垢。先关闭自来水进水阀门,把安全阀手柄扳至指定位置,最后将内胆存水排到下水管道。

2.注水

热水器正式使用前还必须确保热水器内胆注满水。将通向热水器的自来水阀门打开,向热水器注水;待热水龙头或喷头有水流出,说明热水器内已注满了水,这时将热水出水阀门关闭。

3. 通电

设定好洗浴所需用水的水温,将电源插头插入插座,接通电源。

4. 加热

打开热水器的电源开关,加热灯亮开始加热;加热灯熄灭、保温灯亮时说明水温达到要求。

5. 洗浴

打开阀门,不要将喷头方向对准人体,要先进行水温调节;试好温度后再开始洗浴,洗浴过程要尽量避免将水喷到热水器上;洗浴结束后,先将阀门关闭,再将喷头内的水甩干,挂于喷头支座上,最后关闭电源拔出插头即可。

二、热水器的保洁

热水器在使用一段时候后很容易产生水垢,水垢影响热水器的工作能力,对内胆有一定的损害。因此热水器要进行定期排污。如果热水器有排污阀可以按照下列方法进行保洁,如果电热水器没有排污阀,可以定期提醒雇主进行电热水器除污,请专业人员进行操作。

热水器的保洁:

1. 提前切断电源,并拔掉电源插头;

2. 关闭电热水器的两个冷热水角阀;

3. 打开出水阀,自然排净热水器内的水和沉淀物;

4. 开启冷水角阀,让冷水进入内胆里,这时泄压阀出水口会持续排出混有水垢的水;

5. 视内胆肮脏程度反复重复上述步骤,直至内胆清洗干净;

6. 将泄压阀恢复到原处,并将冷热水管分别与冷热水角阀连接上;

7. 分别开启冷热水角阀,并打开热水龙头以确保内胆贮满水;

8. 插上电热水器插头,开启电源即可。

三、热水器的注意事项

1. 长期不使用时,要关闭电源,内胆贮水要排空;

2. 使用时要将水温调节适当再使用;

3. 要定期对热水器进行安全检查,如有异常,要立即通知雇主找维修人员进行维修。

第三节　其他家用电器使用与保养

学习单元一　熨　斗

学习目标

➤ 了解熨斗的使用方法。

➤ 能够进行熨斗保洁。

➤ 掌握熨斗基本注意事项。

知识要求

一、熨斗的使用

1. 熨斗(见图4-24)使用前先检查电线保护层是否完整;

2. 将纯净水或没有杂质的白开水从注水口注入水箱;

3. 插上电熨斗电源,根据所需熨烫的衣物材质,选择相应的温度;

4. 熨烫过程中可以按照低温要求衣物到高温要求衣物的顺序进行熨烫;

图4-24　熨斗

5. 在电熨斗加热和熨烫间歇,将熨斗竖立摆放;

6. 熨烫完成后需将调温钮转至最低温度,拔下电源;

7. 若水箱内还有余水,倒掉或者将水烧干;

8. 熨斗冷却30分钟后,将其收起来即可。

二、熨斗保洁

1. 首先要等熨斗完全冷却后再用湿布擦洗;

2. 若污渍较严重,可用软布蘸中性洗涤剂擦拭,不能使用香蕉水、去污粉等挥发性溶剂;

3. 底板若出现色斑,可以先将熨斗通电,等底板有了温度后用绒布擦拭,若严重的,可在色斑上涂牙膏或抛光膏擦拭,可使底板光亮如新;

4. 底板上的污迹也可在熨斗湿热时用橄榄油擦拭去除;

5. 若是蒸汽型熨斗水箱可注入加入白醋的水,加热 10 分钟后断开电源,摇晃熨斗进行清洗,倒出后用清水反复冲洗干净;

6. 将熨斗放回原位即可。

三、熨斗注意事项

1. 熨斗熨烫需选用纯净水或烧开过的水,以免产生水垢;

2. 在熨斗工作期间不能为其注水,不要触摸熨斗底板,以免烫伤;

3. 使用过程中,使用人不能离开,以免造成事故;

4. 熨斗用完之后里面不能存有余水,以免对熨斗造成不良影响;

5. 若出现自己无法修理的故障,不要随意拆装,要送至维修店修理,以免损伤机器。

学习单元二　挂烫机

学习目标

➢ 了解挂烫机的使用方法。

➢ 能够进行挂烫机保洁。

➢ 掌握挂烫机基本注意事项。

知识要求

图 4 - 25　挂烫机

挂烫机(见图 4 - 25)也称为挂式熨斗,能够挂着熨烫衣物,是通过内部产生的蒸汽不断接触衣物,再通过拉、压、喷的动作使衣物平整。相比熨斗,蒸汽形成速度更快,操作也更简单。挂烫机可以熨烫各类衣物、窗帘、毛绒玩具、毯子等,越来越受到更多家庭的青睐。

一、挂烫机使用方法

1. 往挂烫机水箱内注入纯净水或凉开水;

2. 将衣物挂在挂烫机的上部;

3. 按照衣物的质地将挂烫机按钮旋转至对应功能键;

4. 戴好防烫手套,等挂烫机蒸汽喷发出来,就可以开始熨烫衣物;

5. 熨烫完衣物后,将挂烫机电源断开;

6. 等待挂烫机冷却;

7. 将水箱内存留的水全部倒掉,再装好挂烫机放回原位即可。

🏅 **小贴士**

熨烫裤子时,可以使用裤线夹,更容易熨烫好裤子。

二、挂烫机保养

1. 清洁前,确认挂烫机插头拔出;
2. 用干抹布擦拭挂烫机表面;
3. 将挂烫机的水箱拿下来装入清水进行反复清洗以去除水垢;
4. 用干抹布将水箱擦拭干净并装回;
5. 将挂烫机防尘罩盖好即可。

🏅 **小贴士**

若挂烫机蒸汽喷射量明显减少,说明挂烫机内部金属部位有石灰或因用水不注意出现水垢,这时可以在水箱内注入水的情况下再加入柠檬酸或米醋,开启电源,直至水箱内液体减少到一半为止,然后关闭电源,等温度降低后倒掉水箱内的水。重复以上步骤2~3次即可。

三、挂烫机注意事项

1. 往水箱内加水前不要打开电源;
2. 在使用过程中水箱不能缺水,要随时关注水箱内水位的高低;
3. 蒸汽温度较高,在使用时不要让蒸汽喷头对着有人的方位,以防烫伤;
4. 清洁前确认电源已经断开;
5. 在熨烫过程中要进行上下垂直熨烫,以防喷头喷水;
6. 长时间不用时,一定要将水箱内的余水倒掉。

学习单元三 干衣机

🎯 **学习目标**

➢ 了解干衣机的使用方法。
➢ 能够进行干衣机保洁。
➢ 掌握干衣机基本注意事项。

知识要求

干衣机(见图4-26)是利用电加热原理使暖风吹进干衣筒内,将洗好衣物的水分及时蒸发掉的清洁类家用电器,有烘干、香薰、烫平加热、标准烘干、强烘干、风干等功能。

图4-26　干衣机

北方冬季和南方雨季期间,干衣机能够有效使衣服保持干燥。干衣机主要是自动的,操作完全可以靠按钮进行调节。

一、干衣机的使用

1. 将洗好的衣服分门别类摆放,放入干衣机内;
2. 插上电源,打开按钮进行干衣;
3. 关闭按钮,拿出衣物,关闭电源;
4. 进行衣物晾晒即可。

二、干衣机的保洁

1. 使用完毕后,切记一定要将电源插头从插座上拔下来;
2. 每次使用完之后都要将毛屑过滤器取下来,用软刷将过滤器上的毛屑清除掉;
3. 干衣机的表面有污垢可使用柔软的干布进行擦拭,不能使用硬质刷子强刷;
4. 对吸气孔、排气孔、通风孔灰尘进行及时清理,避免堵塞;
5. 将干衣机放回原位,并用相关防护罩罩好即可。

三、干衣机使用注意事项

1. 干衣前,要根据衣物质地进行分类,将相同质地的衣物进行集中处理;
2. 可将衣物逐件解开,放入干衣机内进行干燥,缩短干衣时间和以防衣物过皱;
3. 运行时间不要超过机器的预定时间,以免对机器造成损伤;
4. 不要将含有橡胶或蜡质的衣物放入干衣机,以防止发生火灾或由此释放出有毒气体。

学习单元四　家用电器保洁小妙招

➢ 能够针对水垢问题进行针对性清洁处理。

一、水垢清除小妙招

水壶或水杯使用久了,常会积有水垢,以下方法可去除水垢。

1. 醋

用白醋进行清除时,使白醋在壶和杯子内留存 10 分钟左右,即可去除。

2. 柠檬汁

将柠檬汁倒入壶中,煮沸水后把壶倒空,再用清水将壶冲洗干净即可。

3. 蛋壳

将蛋壳碾碎后放入壶和杯中,放入醋,来回摇晃后,再用刷子轻刷即可。同样,杯子的茶垢也可用碎蛋壳清除。

4. 菜叶

将菜叶放入壶和杯中,倒入半壶水,泡上几分钟,轻轻摇晃,再将菜叶和水倒出,用清水冲洗即可。

5. 小苏打

将小苏打放入壶内,注满水烧沸后,水垢就可清除。

6. 煮鸡蛋

此方法与蛋壳法有着异曲同工之处,若发现水壶内水垢很多,用水壶煮几次鸡蛋便可起到意想不到的效果。

7. 土豆皮

此种方法主要是用于水垢不严重的铝壶。将土豆皮放入壶内,加适量水烧沸即可去除水垢。

8. 山芋除垢

在壶内煮山芋,不仅可以去除水垢,还能起到防止壶内积水垢的效果。若是新壶,可放半水壶左右山芋,加水煮熟后再用来煮水就不会积水垢了。若是旧壶,用此方法进行一两次操作后也能达到水垢脱落和不再积水垢的效果。在运用此法除垢时,要注意壶内部不要进行擦洗,以免失去除垢作用。

(陈　延　唐小茜　刘效壮)

参考文献

[1] 赵家君,栾鹤龙.家政服务基本技能[M].贵阳:贵州人民出版社,2013.

[2] 朱凤莲,王红.家政服务员上岗手册[M].北京:中国时代经济出版社,2011.

[3] 万梦萍,姜斌.家庭服务员[M].北京:中国劳动社会保障出版社,2010.

[4] 万梦萍,滕红琴,黄河.家政员[M].北京:化学工业出版社,2010.

[5] 万梦萍.怎样做家政[M].北京:中国时代经济出版社,2009.

[6] 滕宝红,李建华.家政服务人员技能手册[M].北京:人民邮电出版社,2009.

[7] 张婷婷.家政服务员基本技能[M].北京:中国林业出版社,2009.

[8] 全国家政服务实验基地教材编写组.高级家政服务员使用教程[M].北京:机械工业出版社,2004.